木工工具全书

Using woodworking tools

〔美〕朗尼·伯德◎著　胡孟孟◎译

北京科学技术出版社

免责声明： 由于木工操作过程本身存在受伤的风险，因此本书无法保证书中的技术对每个人来说都是安全的。如果你对任何操作心存疑虑，请不要尝试。出版商和作者不对本书内容或读者为了使用书中的技术而使用相应工具造成的任何伤害或损失承担任何责任。出版商和作者敦促所有操作者遵守木工操作的安全指南。

Originally published in the United States of America by The Taunton Press, Inc. in 2004
Translation into Simplified Chinese Copyright © 2022 by Beijing Science and Technology Publishing Co., Inc., All rights reserved. Published under license.

著作权合同登记号　图字：01-2019-2246

图书在版编目（CIP）数据

木工工具全书 /（美）朗尼·伯德著；胡孟孟译. —北京：北京科学技术出版社，2022.9

书名原文：Taunton's Complete Illustrated Guide to Using Woodworking Tools

ISBN 978-7-5714-2321-6

Ⅰ.①木…　Ⅱ.①朗…　②胡…　Ⅲ.①木工　Ⅳ.TS68

中国版本图书馆 CIP 数据核字（2022）第 087442 号

策划编辑：刘　超　张心如		邮政编码：100035
责任编辑：刘　超		电　　话：0086-10-66135495（总编室）
责任校对：贾　荣		0086-10-66113227（发行部）
营销编辑：葛冬燕		网　　址：www.bkydw.cn
封面制作：异一设计		印　　刷：北京利丰雅高长城印刷有限公司
图文制作：天露霖文化		开　　本：889 mm×1194 mm　1/16
责任印制：李　茗		字　　数：450 千字
出 版 人：曾庆宇		印　　张：15.5
出版发行：北京科学技术出版社		版　　次：2022 年 9 月第 1 版
社　　址：北京西直门南大街 16 号		印　　次：2022 年 9 月第 1 次印刷

ISBN 978-7-5714-2321-6

定　　价：138.00 元

致谢

这本书的问世不是一个人的功劳。为了促成它的出版，很多人贡献了智慧和劳动。

我在此衷心地感谢海伦·阿尔伯特（Helen Albert）给了我创作这本书的机会，也非常感谢编辑托尼·奥马利（Tony O'Malley）为这本书的付出。

同样感谢那些提供工具的朋友，包括三角洲/波特电缆（Delta/Porter-cable）的查克·哈丁（Chuck Hardin）和安吉·谢尔顿（Angie Shelton），自动（Powermatic）的斯科特·博克斯（Scott Box），得伟（Dewalt）的托德·沃尔特（Todd Walter），切割控制工具公司（CMT）的克里夫·帕多克（Cliff Paddock）以及来自尼尔森工具（Lie-Nielsen）的汤姆·尼尔森（Tom Lie-Nielsen）。

特别感谢我的妻子琳达（Linda），她在这本书的整个创作过程中耐心地陪伴和帮助我。

献给我的女儿丽贝卡（Rebecca）和莎拉（Sarah），她们使我的生活充满欢乐。

引言

木工带来的乐趣和自我满足感是无与伦比的。当你把木料刨削光滑、接合部件进行组装、为作品塑形时，你一定会非常兴奋，而随着作品接近完成，你的期盼之情一定会越来越高。木工最大的乐趣就在于使用工具制造出可以沿用数代的家具的过程。

如果你是一个新手，不知道从哪里着手，基本的手工工具是不错的开始，例如几把手工刨、一组凿子、一些画线工具和一把手锯。使用手工工具需要耐心和一定的技术，但这个过程有助于你了解有关木料纹理方向、精确画线以及锋利工具重要性的所有知识。而且，当你学习切割并安装燕尾榫接合件或者为桌腿小心塑造漂亮的曲线时，手工工具会制造出"手工作品"独有的质感和光滑表面。

学习使用电动工具的过程同样会带给你喜悦。电动木工工具的加工精度和效率是手工工具难以比拟的。许多木匠购买的第一件电动工具是台锯。它可以精确地进行纵切、横切以及多种接合件的切割。平刨和压刨配合使用能够高效地将木板刨平并刨削至所需尺寸。几乎每个木工房都会配备带锯，它是切割曲线的首选工具，并且是唯一能够重新锯切对拼面板和木皮的工具。

老实说，电动工具和手工工具同等重要。电动工具可以提高劳动密集型操作（比如锯切和刨削）的效率，手工工具能够制作出电动工具无法复制的精美细节。

细细品读本书，我希望你在体验木工乐趣的同时，也能够学到很多实用技术。

如何使用本书

首先，这本书是用来使用的，而不是用来放在书架上积灰的。当你需要使用一种新的或者不熟悉的技术时，你就要把它取来，打开并放在工作台上。所以，你要确保它靠近你进行木工制作的地方。

在接下来的几页，你会看到各种各样的方法，基本涵盖了这一领域重要的木工制作过程。和很多实践领域相同，木工制作过程同样存在很多殊途同归的情况，到底选择哪种方法取决于以下几种因素。

时间。你是十分匆忙，还是有充裕的时间享受手工工具带给你的安静制作过程？

你的工具。你是拥有那种所有木工都羡慕的工作间，还是只有常见的手工工具或电动工具可用？

你的技术水平。你是因为刚刚入门而喜欢相对简单的方法，还是希望经常挑战自己，提高自己的技能？

作品。你正在制作的作品是为了实用，还是希望获得一个最佳的展示效果？

这本书囊括了多种多样的技术来满足这些需求。

要找到适合自己的方式，你首先要问自己两个问题：我想得到什么样的结果，以及为了得到这一结果我想使用什么样的工具？

有些时候，有许多方法和工具可以得到同样的结果；有些时候，只有一两种可行的方法。但无论哪种情况，我们都要采用最为实用的方法，所以你可能不会在本书中找到你喜欢的完成某个特殊过程的奇怪方法。这里介绍的每一种方法都是合理的，还有少数方法是为了放松你在木工制作过程中紧绷的肌肉而准备的。

为了条理清晰，本书的内容通过两个层次展开。"部分"把所有内容划分为几个大块，"章节"则是把关联性强的技术及其建议汇总在一起。我们通常按照从最普通的方法到需要特殊工具或更高技能的制作工艺的顺序展开内容，也有少数一些内容以其他的方式展开。

在每个"部分"你首先会看到一组标记页码的照片。这些照片是形象化的目录。每张照片代表一个章节，页码则是该章节的起始页。

每个章节以一个概述或简介开始，随后是相关的工具和技术信息。每一章的重点是一组技术，其中包括安全提示在内的重要信息。你会了解到本章特定的工具和如何制作必要的夹具。

分步图解是本书的核心部分。操作过程中的关键步骤会通过一组照片展示出来，与之匹配的文字描述操作过程，引导你通过图文的相辅相成理解相关操作。根据个人学习习惯的不同，先看文字或者先看图都可以。但要记住，图片和文字是一个整体。有时候，其他章节会存在某种方法的替代方法，书中也会专门提及。

为了提高阅读效率，当某个工艺或者相似流程中的某个步骤在其他章节出现时，我们会用"交叉参考"的方式标示出来。你会在概述和分步图解中看到黄色的交叉参考标记。

如果你看到⚠标记，请务必仔细阅读相关内容，这些安全警告千万不能忽略。无论何时一定要安全操作，并使用安全防护设备。如果你对某个技术感到不确定，请不要继续操作，而是尝试另一种方法。

另外，我们在保留原书英制单位的同时加入了公制单位供参考，并且为了方便大家学习，长度单位统一采用毫米为单位。

最后，无论何时你想温故或者知新，都不要忘了使用这本书。它旨在成为一种必要的参考，帮助你变成更好的木工。能够达到这一目的的唯一方式就是让它成为和你心爱的凿子一样熟悉的工作间工具。

——编者

目　录

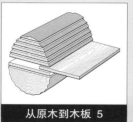

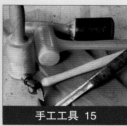

第 4 章　胶合和组装 46

准备胶合表面 46

选择正确的胶水 46

涂胶工具 48

胶合策略 48

涂抹胶水 50

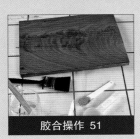

胶合操作 51

▶ 第三部分　手工工具 61

第 5 章　测量和画线工具 62

测量工具 62

画线工具 67

第 6 章　手锯和凿子 76

手锯类型 76

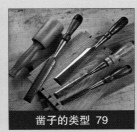

凿子的类型 79

凿子的控制 81

练习凿切燕尾榫 83

制作燕尾榫 84

制作榫卯接合件 93

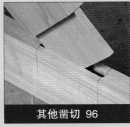

其他凿切 96

第 7 章　手工刨和刨削技术 102

手工刨解构 102

新旧手工刨 103

手工刨类型 104

刨削技术 118

手工刨的调整 132

修整手工刨 135

第 8 章　细锉刀和粗锉刀 137

尺寸和形状 137

使用锉刀 139

第 9 章　研磨手工工具　140

研磨机 140

刃口斜面的角度 141

刃口轮廓 142

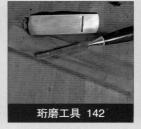
珩磨工具 142

橱柜刮刀 144

研磨示例 146

第 15 章　钻孔和开榫眼工具 222

钻孔工具 222

榫眼机 229

钻孔操作 232

◆ 第一部分 ◆
木料和工房

使用木料，第 2 页

布置工房，第 14 页

选择的材料、使用的工具，甚至操作的空间都会极大地影响木工操作。如何把这些因素结合起来并没有统一的范式，因为每个木匠都有属于自己的风格。因此，本书的第一部分会首先讨论木料这种材料，以及将其加工成有用且吸引人的作品所需的工具。

许多人在学习木工之初会深陷积累大量工具的泥潭，数年之后他们会发现，很多工具上积满了灰尘，一次都没有使用过。为了避免这种情况，我建议你首先了解一下木料这种材料的基础知识，比如树木是如何生长的，如何把原木裁切成木板，以及为什么要在使用木料前对其进行干燥处理等。第1章介绍的这些知识会使你的整个木工生涯受益。

第2章提供了布置工房的建议。以坚固的木工桌为基础，配备适量且优质的手工工具和电动工具，为开创属于自己的木工道路开一个好头。

第 1 章
使用木料

　　了解木料的特性对于木工操作至关重要。如果你不知道木料的纹理方向意味着什么，那么在用平刨或压刨刨削木板时可能会出现令人沮丧的撕裂，从而损毁一块漂亮的木板。在特定的铣削和成形操作中（例如制作装饰件），纹理带来的影响也可能有很大不同。干燥不足或干燥过快的木板，无论是在加工之时或者是在切割后不久（可能更糟），都会产生糟糕的结果。为了充分利用购买的木料，本章介绍了木料最重要的特性、如何选择和存储木料的技巧，以及如何以合理的价格买到优质的木料。

木料结构

　　活树的组织结构很像一捆吸管，将水溶液通过树干向上输送到叶子中。一旦树木被砍下并锯切成木板，细胞的排列就形成了所谓的纹理。木料有两种基本的纹理类型与木工操作息息相关，即长纹理和端面纹理。长纹理由细胞的纵向表面构成，也就是在典型木板的大面和边缘呈现的纹理。端面纹理则是由细胞的横截面形成的，木板横切后就会显露出来。长纹理和端面纹理对木料的加工特性都具有重要影响。

　　可用胶水把两块木板的长纹理表面胶合在一起，例如将两块木板边对边胶合在一起制成宽板，这种长纹理面的接合强度比周围的木料本身还要高。换句话说，如果尝试沿胶线破坏胶合后的木板，那么接缝附近的木料可能会断裂，而接缝处的木料仍会紧密地胶合在一起。相比之下，如果把两个端面胶合在一起，例如在抽屉结构中以垂直角度胶合的两块木板，接合会非常脆弱，很容易断开。使用钉子或螺丝等紧固件可能会

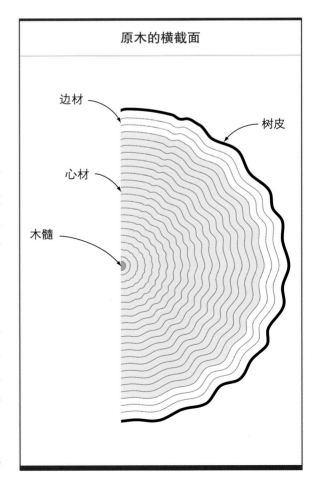

原木的横截面

边材

树皮

心材

木髓

增加接合强度，但这些紧固件也可能会挤压、破坏和扭曲木料的细胞结构，从而削弱接合强度。长期以来，木匠们发明了多种多样的接合结构，能够在两块木板的长纹理面之间建立接合来解决这个问题。

最牢固、最耐用的接合件都具有互锁结构，例如榫卯接合件和燕尾榫接合件，因为它们不仅能够形成长纹理的胶合面，而且能实现机械连接。精确设计的互锁结构即使在不用胶水的情况下也能保持组装的稳定性。大多数的木工胶水不会填充到木料的间隙中。为了获得良好的接合效果，必须将胶水均匀地涂抹在长纹理面，使其在组装时能够充分胶合在一起。

虎皮枫木有着与木料主要纹理垂直的独特条纹。

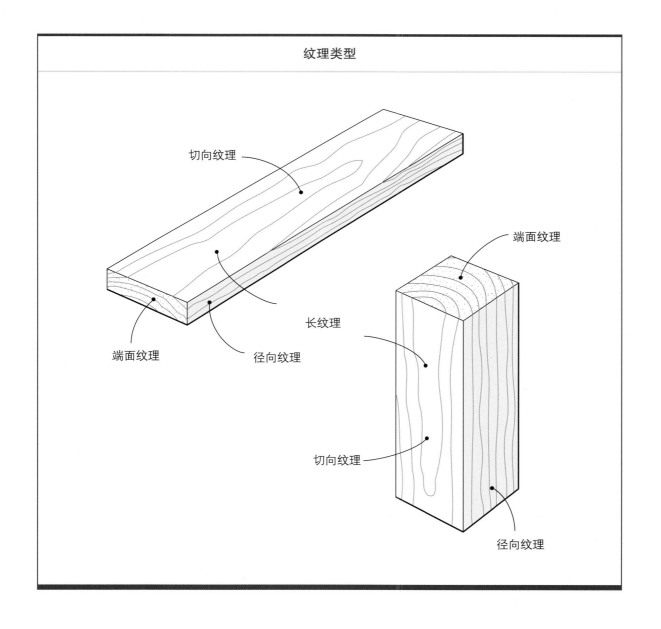

纹理类型

切向纹理

端面纹理

长纹理

切向纹理

端面纹理

径向纹理

径向纹理

普通接合件的胶合表面

对接接合件

端面的胶合效果非常差，并且对接接合件也没有任何机械互锁结构。

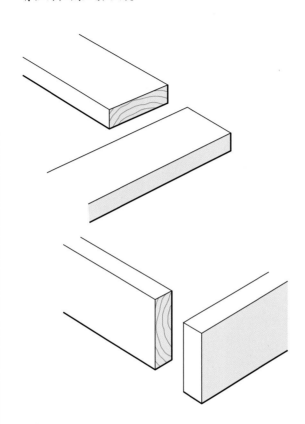

燕尾榫接合件

燕尾榫接合件的机械互锁结构和长纹理胶合面为其提供了强大的接合强度。

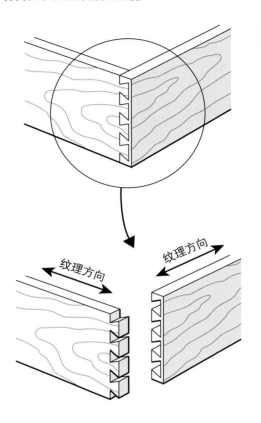

纹理方向

纹理方向

榫卯接合件

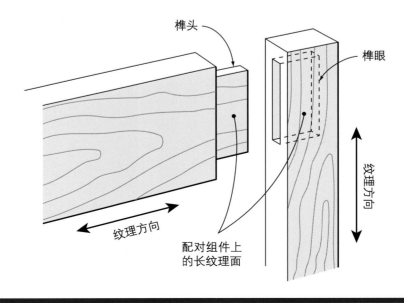

榫头

榫眼

纹理方向

纹理方向

配对组件上的长纹理面

逆纹理方向刨削木板时容易出现这种撕裂。

对于长纹理和端面纹理这两种基本纹理，使用手工刨等开刃工具处理的效果大不相同。专门为刨削端面设计的手工刨，刨刀具有较小的刨削角度，能够干净地切断木板的坚硬端面。而用于将木板的长纹理面刨削光滑的手工刨，刨刀则具有较大的刨削角度，有助于防止拉起和撕裂纹理。很少有与木板边缘完全平行的纹理，顺纹理方向刨削可以减少撕裂。但做到这一点并不容易，因为一块木板上的纹理有时会改变方向，或者看起来向着多个方向延伸。学习看懂纹理的走向需要勤加练习，这很有用，可以帮助你避免在使用手工刨或电动工具时出现难看的撕裂（参阅第 103 页"纹理方向对刨削的影响"）。

使用凿子操作时，纹理同样起着重要的指示作用。凿子是用来切断或切削木料的。切断操作主要用于木料端末。由于木板端面比长纹理面更为坚硬，纹理更加致密，因此设计用于切断的凿子具有角度更大的刃口斜面，同时需要用木槌进行驱动。切削用的凿子刃口更为锋利，刃口斜面的角度更小，以减小凿子在顺纹理切削时的阻力，并形成细长的刨花。

从原木到木板

原木的锯切方式决定了长纹理出现在木板表面的样式。这会影响到木板的外观、加工性能及

尺寸的稳定性。所有的实木板，包括已经烘干的实木板，都会随着环境湿度的变化膨胀和收缩。具体来说，随着环境相对湿度的升高，木板会从周围的空气中吸收水分膨胀；而在干燥的天气，通常是在冬季，木板会释放水分并收缩。木板膨胀和收缩的程度和方向在很大程度上取决于锯木厂锯切原木的方式。大多数原木都是按照特定的方式锯切的，锯片始终与年轮相切。这种锯切方式效率高，浪费也最少，在木材工业中被称为"环绕原木的锯切"，锯切出的木板通常被称为弦切板。弦切板的特征很明显，因为木板的大面会显露出类似教堂尖顶的纹理图案。需要注意的是，即使经过了干燥和铣削处理，弦切板对环境湿度变化的响应仍然非常强烈，容易出现瓦形形变、弓弯和扭曲。最重要的是，弦切板宽度方向上的膨胀和收缩幅度很明显，所以在使用弦切板时，必须把这一点考虑在内。

径向锯切的木板通常被称为径切板，其纹理外观和性能与弦切板完全不同。径切原木时，锯片是径向切入的，锯切面的分布与车轮辐条类似。在一块径切木板上，年轮以近乎平行的直线形式延伸到木板的边缘。这种均匀的直纹图案看似一般，但某些木材（例如橡木）在径切后会呈现美丽的"射线"图形。

径切板比弦切板稳定得多，因为其年轮是垂直于木板大面，而不是与木板大面相切的，所以径切板沿其宽度方向的膨胀和收缩幅度远小于弦

环绕原木的锯切

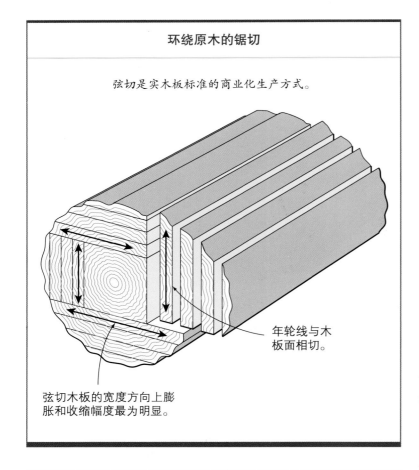

弦切是实木板标准的商业化生产方式。

年轮线与木板面相切。

弦切木板的宽度方向上膨胀和收缩幅度最为明显。

径切原木

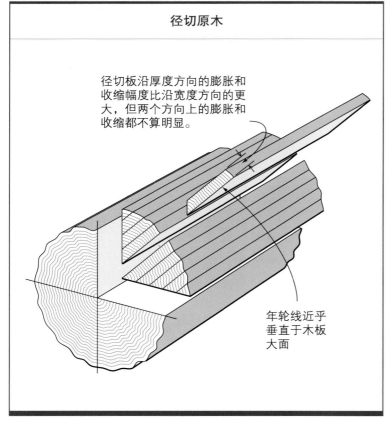

径切板沿厚度方向的膨胀和收缩幅度比沿宽度方向的更大，但两个方向上的膨胀和收缩都不算明显。

年轮线近乎垂直于木板大面

切板。经过刨削后，径切板也更容易保持平整。这也是使用云杉木径切板来制作原生吉他的宽薄音板的原因。实际上，在胶合板和刨花板等人造板材出现之前，径切板也被用作贴木皮的基板。

不幸的是，以这种方式锯切原木既费时又费料。一个世纪以前，当森林似乎取之不竭时，径切板的使用非常普遍。在那个时代，使用橡木径切板生产了大量的家具，很多房间的地板也使用径切的硬木木板。因为径切板更加稳定且不易翘曲，并具有磨损更加均匀的重要品质。

直通式锯切能获得兼具弦切特性和径切特性的木板。这种锯切原木的方法可以产出宽板，靠近宽板的中心，纹理是典型的弦切样式，越靠近宽板边缘，纹理样式越接近径切板。包括我在内，许多家具制造商都倾向于使用以这种方式锯切出的木板，因为其外观看起来更为自然，而且便于按照其在原木中的原始位置堆放起来进行干燥。在为木制品选择木料时，这种木板也更易于匹配纹理和颜色。同时因为这种木板比用前面的两种方法锯切出的木板更宽，所以可以选用单块木板用来制作门板、办公桌台面和小桌面，从而省去了将两张或者多张窄木板拼接在一起的麻烦。

直通式锯切的问题是，在锯切最接近原木中心的木板时会出现木节和其他天然缺陷，这会降低木板的商业价值。但是对于小型工房的木匠，

有些树种，比如橡木，径切板会呈现出引人注目的射线图案。

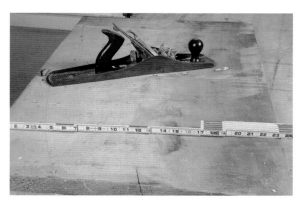

相比于将几块窄板拼接在一起，宽板是赏心悦目的。

树木的中心，也就是木髓部分，通常存在缺陷且稳定性差，在为木制品选择木料时应避免。

处理木节很简单，甚至可以把它们设计成有趣的细节。

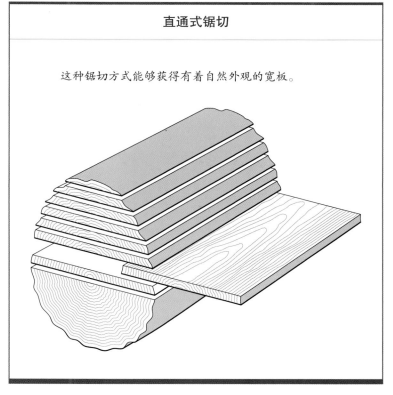

直通式锯切

这种锯切方式能够获得有着自然外观的宽板。

短纹理区域

　　顾名思义，短纹理是正常的长纹理强度受到削弱的状态。通常当纹理方向与木料边缘不平行时会出现短纹理区域。有时候，这是自然发生的，例如在纹理图案复杂的木板上。但是在用带锯横向于纹理锯切细窄的曲面部件时，也会出现短纹理区域。无论短纹理是如何形成的，短纹理区域都是易于断裂的薄弱区域。

　　为了避免出现短纹理区域，可以采取以下措施。
- 选用直纹木料制作框架和其他强度要求较高的部件。
- 在画线时，参照弯曲部件的形状，尽量使木料的纹理方向与部件的长度方向平行。
- 避免在一块木板上切割整个的圆弧部件。应使用两块木料分段制作圆弧部件。
- 避免用带锯锯切细窄的曲面部件，层压弯曲或蒸汽弯曲处理是更好的方法。
- 使用上述措施中的任何一种，都可以使纹理随着部件的曲面延伸，从而极大地增加曲面部件的强度。

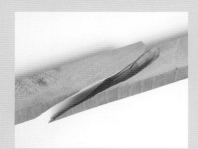

短纹理区域脆弱，很容易折断。

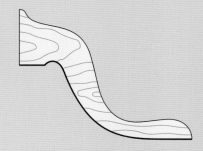

这样的纹理走向会导致部件的踝部出现短纹理，并容易断裂。

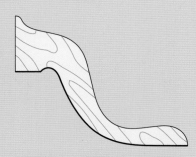

这样的纹理走向可以避免部件的主要受力区域产生短纹理。

▶ 丫杈纹理

有时被称为丫杈图案，这种亮眼的木材很抓眼球。它是树木分叉部位形成的纹理。为了充分利用丫杈木材，通常会将其锯切成木皮销售。可以在专业的木材经销商处买到丫杈木板。

丫杈木材来自树木分叉的部位。

木料形变的影响

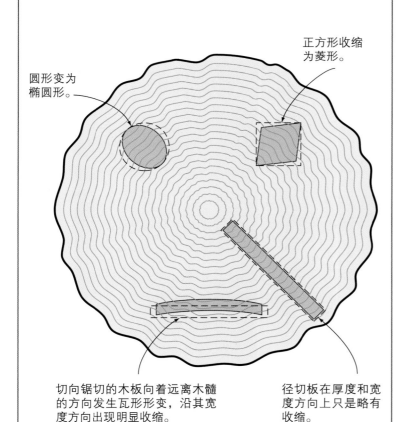

圆形变为椭圆形。

正方形收缩为菱形。

切向锯切的木板向着远离木髓的方向发生瓦形形变，沿其宽度方向出现明显收缩。

径切板在厚度和宽度方向上只是略有收缩。

应对木材形变

木材具有吸湿性，因此会随着环境湿度的变化膨胀和收缩。甚至窑干的木板和完成表面处理的木板也不能幸免。幸运的是，木材形变主要发生在横向于纹理的方向，而不是顺纹理的纵向（沿纹理纵向的形变微乎其微，可以忽略不计）。但是，由于横向于纹理的形变非常显著，所有以垂直角度相连的接合件可能会断裂、碎裂或因为其他原因导致接合失败，因为两个部件的形变方向也是彼此垂直的。

下面给出了一些降低和应对木材形变影响的策略。

- 使用干燥的木板。美国大部分地区的干燥木板含水量是6%~8%。你可以购买窑干的木板，也可以购买湿材自己干燥。
- 将木板存放在干燥的地方，存放于地下室或没有加温设施的仓库中的木板会吸收水分。
- 监控含水量和相对湿度。可以购买便宜的湿度计来检测空气湿度和木板中的含水量。
- 设计和制作能够容纳细微形变的接合件。当然，木材的形变是不可避免的。

从干木料开始

除非需要使用蒸汽弯曲法制作椅子的弧形靠背板或用湿材旋切一只木碗，否则都应该使用干燥的木料制作作品。木料到底需要干燥到何种程度呢？基本原则是，木料必须含有适量的水分，使其能够与环境湿度取得平衡。室内的供暖和制冷系统都会使空气变得干燥。因此，室内空气的相对湿度通常低于室外。根据经验，在美国的大多数地区，用于木工项目的木料中的含水量应为6%~8%。这样的木料能够与室内30%~40%的相对湿度保持平衡。干燥的木料经过了预收缩和预翘曲处理，但是含水量过多的木料被制作成抽屉柜后仍会收缩和翘曲。因此，在开始操作之前，应先使用湿度计检测木料的含水量。

有两种干燥木料的常用方法：窑干和风干。

窑干是指在密闭容器内加热木料来完成干燥。热量通常会在短短几周的时间内将木料中的水分迅速排出。我主要使用的是自然风干的木料，虽然干燥过程比窑干慢，但其优势在于可以使木料与周围空气中的湿度自然达到平衡。如果将窑干木料存放在未经加热或冷却处理的仓库中，环境湿度可能会过大。存放在未加热的空间（例如谷仓）中的木料，其含水量通常在 12%~15% 的范围。不要盲目地认为窑干木材不存在湿度问题，用湿度计进行检测才是正确的做法。如有必要，应使木料适应受控空间的环境，例如开启暖气或装有空调设备的工房。

储存木料

无论使用窑干木料还是风干木料，都应将其存放在干燥、稳定的环境中。显然，如果在暴风雨天气中托运一卡车窑干的木料，那么当它到达工房时，它已经不是干燥状态了。在潮湿的地下室或者没有暖气的车库中存放一段时间后，木料也会失去干燥状态。在开始制作作品之前，我会将木料放置在工房中，集中对其进行加热和冷却处理，并每周用湿度计检测湿度，直到木料与工房的相对湿度达到平衡。堆放木板时，我会使用木条将木板分层堆叠，促使空气均匀流通。如果

没有一个足够宽敞且环境受控的工房，那么你应该只购买会在几周之内使用的木料。一旦将木板整平并刨削至最终厚度，可以用塑料膜将其包裹，以防止其因受潮而翘曲。

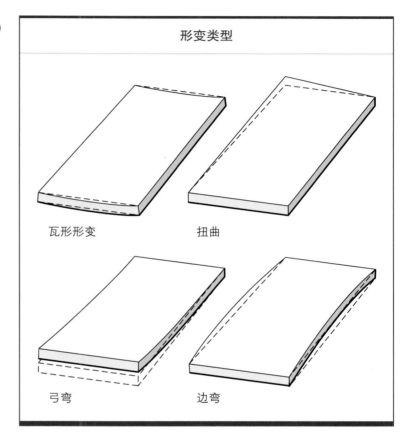

形变类型

瓦形形变　　　　扭曲

弓弯　　　　边弯

在木板之间以均匀间隔放置木条可以促进空气流通并防止木板发生翘曲。

可以用塑料膜密封小木板或小部件，防止它们在使用之前发生翘曲。

为了获取含水量的准确数值，需要在木板端面制作一个新的切口，然后将湿度计的探针插入切口的中心进行测量。

无针湿度计最适合测量刨削后的木板。

检查含水量

可以购买一台小型的手持式湿度计。这个设备可以测量出木板的电导率，并将其转化为木板中的含水量，以百分比的形式表示（因为水能够导电，木材不能导电）。

我更喜欢使用针式湿度计，尽管它们最适合粗锯材。无针湿度计对刨削后的木板的测量最准确。木料外部的含水量可能会波动很大，一场暴风雨可以在短短的几个小时内大幅提高木料表面的含水量。含水量的精确数值应通过将木料端面切掉一小块后测量新鲜切口的中心得到的。

在工房安装一台环境湿度计也是必要的。可以将这种便宜的电子设备安装在墙壁上，便于你轻松掌握工房的相对湿度。本页的木料含水量图直观显示了环境相对湿度与平衡含水量之间的关系。我会将该图的复印件贴在湿度计旁边，以便于随时对照查看。应对相对湿度取平均数，来衡量木料含水量。例如如果你把为某件作品准备的

木料含水量

平衡含水量（EMC）/%

32 30 28 26 24 22 20 18 16 14 12 10 8 6 4 2

0 5 10 15 20 25 30 35 40 45 50 55 60 65 70 75 80 85 90 95 100

21℃时的环境相对湿度（RH）/%

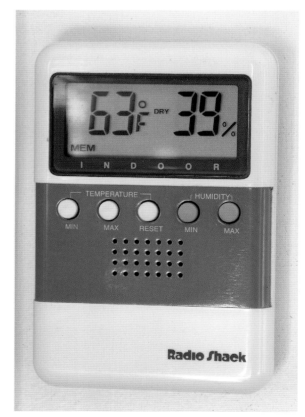

环境湿度计可以让你掌握工房的相对湿度。

木料放在工房中适应环境，要每天记录相对湿度，并持续记录两周或更长的时间，然后取平均值。使用该图表，你就可以确定木料的大致含水量。如果工房位于地下室，你会发现，木料的实际含水量永远不会低于12%。当然，随着木料适应了工房环境，作品的制作会进行得很顺利。但是，对于已经完成的作品，在将其放到相对湿度远低于工房的地方时，木料会因为失水而收缩，进而导致面板和桌面开裂、抽屉松动等一系列的问题。补救的措施是降低工房的相对湿度，可以购买一台除湿机实现该目标。

➤ 购买木料

硬木价格昂贵，通常对所有木工作品来说都是最大的一笔支出。幸运的是，有几种方法可以获取优质的木材，并避免花费过多。

- 购买粗切木板可以大大减少木材费用。而且，修整过多的木板尽管很光滑，但是普遍存在瓦形形变。购买粗切木板，然后自行将木板刨削平整方正，可以节省不少费用。现在，有很多价格实惠的中小型压刨和平刨。购买粗切木板时，请带上一把短刨，这样就可以刨削掉木板粗糙的表面，露出内部的纹理。
- 硬木要从经销商那里而不是普通的家居中心购买。虽然普通的家居中心是购买管材和油漆的好地方，但是其售卖的精选且覆有压缩包装的木板价格较高。
- 购买1号普通级木板，该等级比最佳的"精选级"低一等，它的价格也只有精选级的1/3到1/2。当然，1号普通级木板上存在少量木节和其他缺陷，但可以围绕这些缺陷设计切割方案加以解决。
- 大量购买500或1000板英尺规格的木板，许多伐木场会提供一定的折扣。可以考虑与其他木匠一起购买以分摊费用。当地的木工俱乐部可能是你找到合伙人进行团购的好去处。
- 寻找小型锯木厂，它们通常能够提供一些廉价的粗切木料，当然，粗切的木料仍然需要进一步的干燥处理。
- 购买湿材，这是我个人最喜欢的节省木料预算的方式。通常，湿材的价格只有干材价格的1/4到1/2。

较低等级的木材（包括边材）具有很多缺陷，但切掉缺陷部分利用剩余木材仍然是划算的。

自己干燥木料

可以从小型锯木厂或者当地锯木厂购买未经干燥的木料但要做好自己处理木料的准备。有时候，可以在原木锯切之前与卖家达成协议，从而按照自己需要的方式进行锯切。我最喜欢的锯切方式是直通式锯切。因为迄今为止，直通式锯切是最简单且最省时的锯切方式。这样可以得到较

宽的木板，但请注意，你也会得到一些等级较低、带有木节和木髓的木板。如果这时你就在锯木工身边，将会对你的帮助很大。

在获得了新锯切的木板之后，需要及时对其进行干燥才能使用。可以将木板堆放在户外，但干燥木板的最佳场所是谷仓或者棚屋。这样可以避免木板反复暴露在雨水和阳光下，造成木板过度开裂和翘曲。如果条件有限，请尽量将木板堆放在树荫下。如果堆放在室外，可以使用便宜的建筑级胶合板来挡雨，同时压住胶合板，以防止其被大风吹走。不要使用塑料布遮挡木板。因为塑料布会阻碍空气流通，并可能导致霉菌滋生。确保在户外干燥的地方堆放木板，否则，干燥时间会进一步延长，并容易在干燥过程中滋生霉菌。

为了尽量减少木板翘曲，需要为待干燥的木板提供良好的支撑。我使用混凝土垫块作为底基，并使用 4 in×4 in（101.6 mm×101.6 mm）的横梁加固支撑。根据木板的厚度，将混凝土垫块间隔 3~4 ft（0.91~1.22 m）排列。厚度为 $^4/_4$ in（25.4 mm）和 $^5/_4$ in（31.8 mm）的薄木板，

> ▶ **制作间隔木**
>
> 间隔木是用来分隔湿材的木条。它可以促进空气均匀流通，从而加快干燥，并有助于避免木料发霉。我通常是在制作作品时收集长而细窄的边角料，不能使用从原木上锯切下来的湿材边角料。水分会导致霉斑难以去除。如果将间隔木处理到统一的尺寸，比如 $^3/_4$ in×$^3/_4$ in（19.1 mm×19.1 mm）或者 1 in×1 in（25.4 mm×25.4 mm），这是很有帮助的，可以以统一的间隔和高度堆叠木板。

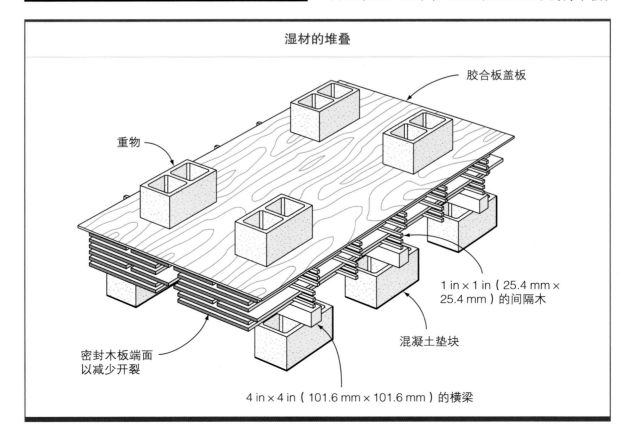

湿材的堆叠

胶合板盖板

重物

1 in×1 in（25.4 mm×25.4 mm）的间隔木

混凝土垫块

密封木板端面以减少开裂

4 in×4 in（101.6 mm×101.6 mm）的横梁

➤ 密封端面的重要性

在现实中，树的细胞是树液的有效管道系统。一旦细胞被切开，它们就成了水分得以逸出的通道。随着湿材的干燥，水分会快速从被切开的端面释放出来，从而导致端面收缩和开裂。密封木板的端面可以最大限度地减少甚至在某些情况下完全防止木板开裂。

在确定木板的尺寸之前，应先将木板端部因干燥开裂的部分切掉。

其在自身重力的作用下存在下垂的趋势，这个间距应当减小。堆叠木板时，木板之间至少要留出 1 in（25.4 mm）的空间以利于空气流通。在各层木板之间，利用间隔木进行分隔，间隔木的间距通常为 1 ft（0.30 m），如果木板较厚，那么间距应适当增加。木板的堆叠高度要让你感觉舒服，不宜过高。堆叠得太高不仅容易使木板在风的作用下倒塌，而且将沉重的湿木抬过肩部高度本身也很费力。

在干燥过程的任何时候都可以封闭木板的端面，但是，在将原木锯切成木板前就密封其端面是更有效的做法。具体做法是用刷子或者滚筒涂抹湿材封闭剂（或乳胶漆）。在木板干燥的过程中，注意监测木板的含水量。根据经验，每英寸厚度的木板干燥时间为 1 年，因此你要有足够的耐心。一旦木板中的水分与户外环境达到平衡，就可以将其送入室内进行进一步的干燥，或者将其送到当地的窑中进行干燥了。

第 2 章
布置工房

在投入大量资金购买工具和设备之前，要首先考虑你准备深入的领域。例如如果你主要对制作橱柜和嵌入式家具感兴趣，那可能需要配备更多电动工具和足够的操作空间。但是，如果你喜欢雕刻，那么带锯和小型车床可能是为数不多需要的机器。

无论如何，坚固的木工桌是必不可少的，还要为其配备用于固定部件的台钳和木工夹。在考虑购买手工工具时，请购买预算承受范围内最好的工具。便宜的手工工具最终是不划算的，只会给你带来挫败感。在本章，我会指导你如何为工房配备所需的手工工具和电动工具。

坚固的木工桌是木工房的必备工具。

即使对于不平行的表面，手工螺丝夹也能施加足够的夹紧力。

固定部件

在进行锯切、刨削、凿切和铣削等操作时，需要坚固的木工桌来固定部件。木工桌不必花哨，但它应该稳固而沉重，不受敲击和碰撞的影响。此外，最好的木工桌要能舒适地进行操作，因此要购买可以根据自己的身高和需求调整台面高度的木工桌。也可以考虑购买材料，自行设计适合自己身高和工房空间的木工桌。为了固定部件，还需要在木工桌上安装台钳。至少购买一只预算允许的范围内最大号的台钳，并将其安装在木工桌台面的一角，以便固定部件并进行操作。

良好的照明也很重要。将木工桌放置在靠近窗户的位置，以充分利用自然光。还要安装大量的电灯，荧光灯安装在头顶上方的效果最好，而白炽灯适合提供特定方向的近距离照明。

木工夹在所有工房中都是必不可少的，无论是固定胶合组件还是将部件固定在台面上，都离不开木工夹。老式管夹和手工螺丝夹功能多样，通用性强，是首次购买木工夹的绝佳选择。随着

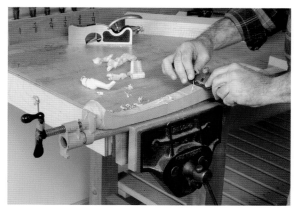

坚固的台钳对木工桌来说是必不可少的。台钳与管夹搭配使用是固定不规则部件（例如图中的弯腿）的好方法。

你的木工技术的提高和工房需求的增长，你可以根据具体需求购买更多木工夹。

手工工具

刃口工具

刃口工具包括凿子、手工刨、手锯、刮刀和用于木旋和雕刻的圆口凿。这一系列的手工工具能够完成塑形、切削和整平等操作，并能为家具制作机器通常无法完成的细节。

凿子有各种形状、宽度和长度。最常见的钳工凿用于制作接合件，以及安装铰链和其他硬件的操作。雕刻凿和圆口凿则用于为作品增添装饰造型。无论平口凿还是圆口凿，为了获得最佳凿切效果，保持其刃口锋利是很重要的。

手工刨是手工工具中的主力，用于刨平、整形和修整接合件。经过精细调节的台刨可以获得比任何砂光机的打磨效果还要光滑的表面。台刨也可以用于刨平和刨直对平刨来说过大的木料。对于需要单手完成的修整和组装操作，尤其是小部件的修整和组装，小角度短刨最为合适，这种手工刨也是修整端面的理想选择。榫肩刨是经过精细调整的精密工具，用来加工接合件的细节。它们具有精确研磨的底座底面和刨刀，能够刨削出薄如蝉翼的刨花。

管夹价格便宜，可用于多种组装任务。

一套合适的工具包括几把手工刨、几把凿子和一把燕尾榫锯。

凿子有各种形状和尺寸可供选择，以满足各种需要。

可以使用雕刻凿或圆口凿制作精美的细节。

短刨擅长细微的修整操作。

▶ 刃口工具的切割原理

如果你了解刃口的切割动力学，那么就能最有效地研磨、调整和使用刃口工具，并从中获得更多的乐趣。

刃口是两个平面相交形成的。相交的角度，即锋利程度，会直接影响刃口的切割效果。锋利的刃口可以将木料切成薄片，形成薄而精细的刨花，钝化的刃口更像厚木楔，只能挤入木料中使其裂开。

与30°的刃口斜面角度相比，20°的刃口斜面切削得更为干净利落，而且阻力较小。当然，有利有弊。刃口斜面角度较小的刀刃虽然更加锋利，但也易于卷刃（这就是要避免使用木槌敲打凿子进行切削的原因）。而且，刃口斜面角度较小的刀刃切断木纤维和卷曲刨花的效果不佳，在处理卷纹枫木等复杂的纹理时容易出现撕裂。

较大的刃口斜面角度，如30°，刃口强度更高（所以非常适合榫眼凿），但也具有更大的切削阻力。25°刃口斜面角度的刀刃是一个折中的方案，适合大多数的凿子和刨刀。

手工刨本质上就是加强版的凿子。当刨刀刃口切出刨花时，底座会下压刨花，同时盖铁会切断刨花，并使其卷曲。这就是要使盖铁紧贴刨刀刃口，并尽可能靠近刨口的原因。

曲线刨具有独特的底座和相匹配的刨刀，可以制作弯曲的表面。很多曲线刨，例如刨刀刃口内凹和外凸的曲线刨，曾经大量生产，并广泛使用，如今仍然有许多木匠在使用。这些精美的老式手工刨仍然可用于加工电木铣无力处理的大型装饰件。

在刨削带锯锯切的表面时，我选用鸟刨。这种小型手工刨底座短小，并且两侧都有把手，是刨削曲面部件的理想工具。

手锯用于锯切精细的木工接合件以及在使用手工刨精修木料表面之前锯掉大块的废木料。例如制作燕尾榫，使用的就是燕尾榫锯这种小夹背锯。夹背锯非常适合锯切接合件，因为它锯切出的锯缝很窄，并且背部用黄铜或钢脊进行了加固。弓锯具有细窄的锯片，适合切割曲面和镂空部件。

锯子根据锯齿类型进行分类，一般有纵切齿和横切齿之分。纵切齿用于平行于纹理切割，而横切齿的形状就像小刀，可以在横向于纹理锯切木料时干净地切断木纤维。

西式锯在前推锯片的行程中完成切割，而日式锯则是在后拉锯片的行程中完成切割。日式锯的切割强劲而流畅，是很多木匠的不二选择。

使用刮刀可以将打磨时间减少一半以上。刮刀是通过其刃口上的细小毛刺刮削木料的，锋利的刮刀可以形成类似手工刨刨削出的刨花，同时并不会像手工刨那样偶尔撕裂木料。刮削块实际上就是铸型刮刀，用于为小型装饰件塑形。这也是一种好用的修整工具，可以处理电木铣很难或不可能进行塑形的部件表面。

台刨、榫肩刨和短刨是构成多功能手工刨套装的基础。

鸟刨是非常适合刨削曲面的小型手工刨。

曲线刨可以制作出精细的曲面轮廓。

纵切锯最适合锯切燕尾榫。

所有的夹背锯都有加厚的锯背，从而加固锯片以切割精细的接合件。

木工桌挡头木是夹背锯的伴侣，可以在锯切时完美地支撑部件。

橱柜刮刀能够刮削最为复杂的部件表面。

在刮削简单的轮廓时，刮削块很便捷。

为了保持刃口锋利，需要准备一套磨石。

锋利工具的重要性

锋利的工具不仅用着顺手，还可以得到薄而精细的刨花和光亮的木料表面。锋利的工具使你可以更好地控制操作，并制作出最精细、最精确的部件。锋利的工具可以干净地切削木料，而钝化的工具很容易压碎和撕裂木料。

在我教授木工课程时，有两件事常常使学生感到惊讶：刃口钝化的速度有多快，以及将钝化的刃口研磨锋利的速度有多快。当然，停下来研磨工具会中断操作流程。但是，只要掌握了基本步骤，就可以很快回到刨削、切割燕尾榫和雕刻操作中。你对工具的驾驭也会越来越得心应手，你的操作水平也会大大提高。

➤ 研磨手工工具

对于电木铣铣头和电圆锯锯片，最好交给专业人士研磨，你需要自己研磨的是手工工具。与铣头和锯片等硬质金属工具相比，手工工具使用的钢材很快就会钝化，因此将这些工具送交专业研磨是不切实际的。为了保持刃口工具的最佳性能，你需要准备一台研磨机和一组磨石。研磨机有着粗糙的砂轮和可以适当角度固定工具的支架。研磨机功能强大，可以快速恢复凿子或刨刀的刃口斜面。之后，可以使用磨石进一步珩磨刃口。

测量工具和画线工具

老话说得好"两次测量，一次切割"。每件木工作品都始于精确的测量和标记。这些工具包括直尺、卷尺、直角尺、两脚规和划线刀等。

6 ft（1.83 m）长的折叠木尺是我最喜欢的测量工具。这种复古风格的尺子能够紧凑地折叠起来，轻松放入口袋。钢卷尺能够迅速地收回卷轴中，对于测量较长的粗切木材很有用。

可靠的直角尺是所有工房的必备工具。我最喜欢的是量程为 12 in（304.8 mm）的组合角尺。这种多功能工具可以用作内直角尺、外直角尺、45° 角尺、深度计和直尺。高质量的机械师组合角尺是首选，在家居中心出售的组合角尺不具备精细操作所需的高质量和精确度。

斜角规用于画线和检查 90° 角以内的角度。它的钢制刀片可以旋转到任何角度并锁定。

两脚规、椭圆规和圆规都可以标记两点之间

的空间。两脚规用于转移测量值和测量线性尺寸。圆规类似于两脚规，只不过用铅笔代替了其中一脚。圆规也是绘制小圆弧和圆的首选工具。椭圆规用于绘制圆规无法完成的大圆，例如圆桌的桌面轮廓。椭圆规的划线针通常成对出现，并且可以固定在任何长度的横木上。通过在横木上增加第三个限制点，就可以绘制椭圆。

划线规和划线刀也是必不可少的工具。与铅笔不同，这些工具可以在木料表面划刻出线条，从而为凿切和锯切提供清晰的指导线。最精确的划线规具有一根带刻度线的横梁，可以轻松地设置该工具以进行精确测量。你当然可以购买昂贵的红木手柄划线刀，但高精度（X-Acto）牌的划线刀价格便宜，并且薄而窄的刀片可以进入较大、较厚的刀片无法处理的区域。当刀片钝化后，可

精准的画线操作始于各种基本的画线工具。

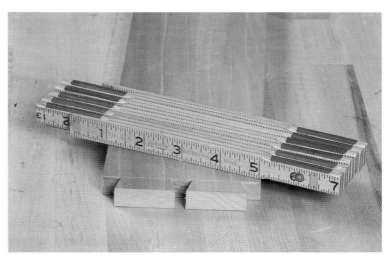

折叠木尺虽然没有卷尺常见，但它是一种精确、方便的测量工具。

高质量的机械师组合角尺应该是首选的测量工具之一。

划线刀是必不可少的画线工具。

斜角规用于绘制、复制和转移角度。

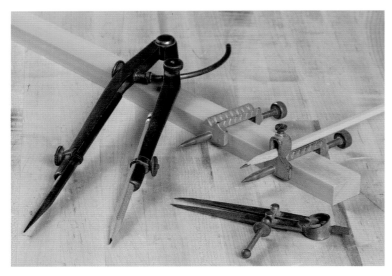

椭圆规、圆规和两脚规用于绘制圆和圆弧。

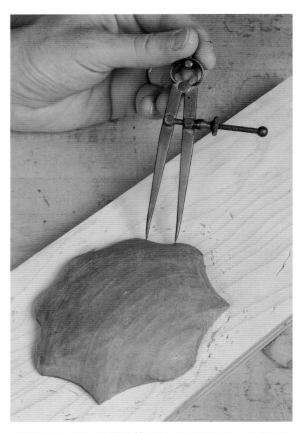

两脚规可以测量雕刻件等不规则形状部件上两点间的距离，并将其转移到所需位置。

椭圆规用来绘制圆和椭圆。

以将其扔掉直接更换新刀片。

铁锤和敲击工具

　　铁锤和木槌以及其他敲击工具可以精确地传导冲击力。铁锤用于敲击钉子，其略微外凸的锤面有助于防止损伤木料表面。

　　香槟木槌具有弹性槌头，可以消除敲击时产生的反弹。在组装接合件和箱体时，香槟木槌可以用来轻敲部件以使其对齐。

　　雕刻槌的作用很简单，就是控制平口凿或圆口凿的雕刻力度。部分雕刻槌是用高密度的热带硬木制作的，还有一部分是用聚氨酯制作槌头，然后安装了木手柄制成的。在为木工操作选择铁锤和木槌时，请选择重量较轻、在 1 lb（0.45 kg）以内的。因为大部分的木工操作不需要很大的力量，沉重的铁锤和木槌既累人又笨拙。

划线规通过细小的刀片在木料上划刻出标记线。

任何工房都应配备各种铁锤和木槌。

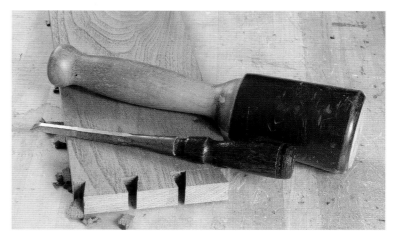

雕刻槌有多种尺寸，可以配合各种圆口凿和平口凿进行精确敲击。

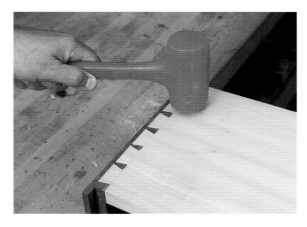

香槟木槌可以为部件组装提供可控的、无损伤的敲击。

储物柜便于整齐地摆放并保护手工工具。

工具存放

　　购买各种手工工具后，请将它们井井有条地摆放在方便取放的位置。凿子、直角尺和锉刀等小工具，可以存放在储物架上。储物架可以安装在墙壁上，也可以固定在木工桌的背面。

　　对于较大的工具，例如手工刨和手锯，最好可以存放在储物柜里。应避免将工具存放在抽屉里，尤其是那些经常使用的工具，因为抽屉里很容易变得混乱，找到所需的工具免不了翻找。储物柜和储物架可以使工具摆放得井井有条、保持锋利且易于取放。

储物架有助于保持平口凿和圆口凿刃口锋利，方便取用。

➤ 购买二手工具

劣质工具很难制作出高质量的作品。如果你预算有限，那么一种可行的方法就是购买高质量的二手工具。去一次工具拍卖会或者跳蚤市场，你就可以买到心仪的手工刨、划线规和史丹利（Stanley）斜角规。同样可以买到施泰力（Starrett）和拉夫金（Lufkin）等生产商制造的直角尺、游标卡尺和两脚规。最重要的是，将这些工具添加到你的工具箱中的成本比购买新工具小得多。喜欢收藏工具的人通常会放弃那些带有使用痕迹或者需要大量清洁和维修操作的工具，而这对木匠而言就是捡漏的机会。当然，在购买二手工具时也要避免下述情况。

- 缺少零件的工具。避免购买破损、弯曲或者缺少零件的工具。大多数的零件不是标准件，因此寻找替代品可能很困难甚至根本不可能。
- 开裂的手工刨。底座开裂的手工刨，即使被修复得很好，也可能永远无法正常使用。购买底座完好无损的手工刨，这样只需稍做清洁和调整即可使用。
- 锈蚀严重。大多数二手工具都会有锈迹。锈蚀严重的工具尽管可以清除锈迹，但是严重的锈蚀会在工具表面留下凹坑。对于凿子或者其他刃口工具，锈蚀会在刃口处形成缺口。

二手手工工具经常比普通的新工具质量更好。

便携式压刨是大型固定式机器最实惠的替代品。

便携式电动工具

对于过于笨重，无法搬动到大型固定式机器上进行操作的部件，便携式电动工具就派上用场了，可以将其移动到部件上进行操作。一些便携式的电动工具，例如电木铣和斜切锯，可以固定在台面或架子上，当作固定式机器使用。与笨重的大型固定式机器相比，它们的成本要低得多，占用的空间也更少。

现在，许多的便携式电动工具都是无绳的。它们配备了可以快速充电的强力电池组，你无须拖拽着长长的电线进行操作。

无绳电钻已经迅速成为木匠的最爱。

对于无法在带锯上锯切的过大曲面，可以用竖锯锯切。

凭借狭窄的往复式刀片，竖锯非常适合切割曲面。虽然不能取代带锯的地位，但竖锯却是切割部件内部或者因为过大而无法用带锯锯切的曲面的理想选择。

虽然饼干榫开榫机和电动砂光机通常不能用于处理最精细的部件，但这些工具非常适合为要求不高的部件快速开槽和进行打磨。饼干榫开榫机使用小直径的锯片切割圆形插槽。插槽同时存在于两个配对部件上，两个部件通过将"饼干"插入插槽中连接在一起。

便携式砂光机可以有效地整平接缝部位和部件表面。但作为电动工具，它们的切削强度明显偏高，因此并不适合整平木料表面，通常只在制作便宜橱柜时使用。对于制作精细的作品，请使用台刨和刮刀。

现在，电木铣大大地改变了木工操作。在以前，木匠只能对桌面边缘或者小型装饰件进行修整。现在，电木铣不仅可以切割接合件，为铰链和锁具开槽，甚至可以为凸嵌板的边缘进行成形加工。出现这种变化，是因为现在有大量可与电木铣搭配的铣头、夹具、工作台和配件可供选择。

尽管从技术上来说，电木铣是便携式工具，但是将电木铣安装在电木铣台上是更为常见的使用方式。电木铣台实际上就成了迷你成形机。像成形机一样，电木铣台配有靠山和定角规，用于支撑和引导部件。最重要的是，将电木铣安装在

饼干榫开榫机可以快速为箱体部件开插槽。

电动砂光机无法将木料表面处理平整，因此应避免用其处理最精细的部件。

电木铣是最有用的电动工具之一，价格也不贵。

电木铣台上，就可以使用大尺寸的铣头，操作也更加安全。

基座固定式电木铣上有一个安装在基座上并锁定到位的电机。压入式电木铣的设计使电机和铣头可以在运行时降低并切入部件中。压入式电木铣使用夹具引导切割，最适合切割榫眼和其他类型的接合件。

电动斜切锯（有时也称为裁断锯）的普及几乎导致了摇臂锯的消失。这是一种便携式电动工具，几乎可以用于任何需要干净横切或斜切的场所。斜切锯安装在支架上并升级配备了高质量的锯片。在大多数的工房里，斜切锯更像是固定式电动工具。它擅长进行精确的重复性横切，在横切长线脚这样的长条部件时比台锯更方便。将可滑动斜切锯的头部安装在导轨上，使其可以向外滑动，从而能够切割超过标准斜切锯容纳量的宽部件。复合斜切锯的头部可以倾斜，能够切割冠状装饰件和其他具有复合角度的部件。

在购买斜切锯时，一定要购买 10 in（254.0 mm）的型号。12 in（304.8 mm）斜切

▶ 使用斜切锯

毫无疑问，斜切锯最大的作用是为装饰件进行斜切。配备了锋利的横切锯片后，大多数斜切锯都能切割出非常光滑的切口，在组装之前这样的部件无须进一步手工修整。

当把装饰件安装到橱柜上时，以照片中的这件小型燕尾榫盒为例，我会首先刨平接缝部位。将刨身向一侧转动45°，这样可以避免撕裂接合部件（图 A）。同样的，还应检查盒子侧面的对齐情况（图

B）。可以想象，将装饰件安装到平直的表面要容易得多。

首先斜切正面装饰件的一端（图 C）。然后将装饰件放到橱柜上（图 D），在另一端画出斜切线（图 E）。完成斜切，并将正面装饰件安装到位（图 F），在其侧面装饰件上涂抹胶水（图 G），将其安装到正面装饰件两端（图 H）。

A

B

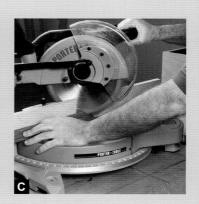

C

锯的锯片偏大，无法保证精确切割，因为锯齿距离锯背太远，得不到有效的支撑。此外，10 in（254.0 mm）的斜切锯对大多数的操作来说已经足够了。

固定式电动机器

大型机器的体积和重量有助于减轻震动。一般来说，固定式电动机器的设置可以维持的时间越长，切割就越流畅。

台锯

大多数人是从使用台锯开始木工操作的。这种功能强大的机器可以将木料纵切或横切到指定尺寸，可以锯切榫头、凹槽和半边槽，甚至可以为装饰件塑造凹面。

橱柜式台锯重达 250 kg，由重型钢柜支撑起铸铁台面。较便宜的缩减版台锯通过使用更少的

在许多小型工房中，电木铣台已经取代了成形机。

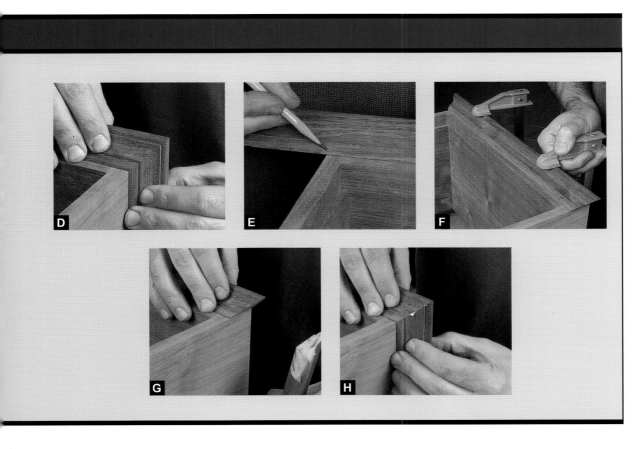

台锯通常是木匠要购买的第一种固定式电动机器。除了进行纵切和横切，台锯还用于制作接合件，甚至为部件塑形。

平刨用于将木板的边缘和一个大面刨削平整、方正。

压刨用于将木板刨削至指定厚度。

铁和更多的金属薄板以及一个开放式的支架来降低成本。无论哪种台锯，都要为台锯配备防护装置和分料刀以及优质锯片。

平刨和压刨

平刨和压刨作为一组工具，可以将木板刨削平整、方正，并刨削至指定厚度。而且，随着生产工艺的进步，这些曾经较为昂贵的机器价格已经很实惠了。如果条件允许，应避免购买 6 in（152.4 mm）规格的平刨，而应购买 8 in（203.2 mm）规格，甚至 12 in（304.8 mm）规格的平刨。为了制作精细的作品，需要先用平刨刨平木板，然后再用压刨将木板刨削到所需厚度。6 in（152.4 mm）规格的平刨实在太小了，你不得不经常使用台刨来手工刨平木板。

> **组合使用机器和手工工具以获得最佳效果**

使用手工工具是一种乐趣，但是我可不想在制作大件作品时手工刨削整堆木板。平刨和压刨是完成该任务的最佳工具。对于较小的作品，如果没有平刨，则可以使用手工刨先将所有木板的一个大面刨平，然后使用价格实惠的便携式压刨刨平另一个大面。我通常使用手工工具制作那些机器无法加工的精细细节。

例如可以使用较长的台刨和曲面量尺来刨平木板（参阅第 119 页"刨平宽板"）。但是，你可能很快就会厌倦这种烦琐费力的操作。所以，考虑购买一台加工能力较大的平刨很有必要。12 in（304.8 mm）的平刨能够处理 90% 的木板。在使用平刨消除木板的瓦形形变或扭曲，并将其一个大面刨平后，再使用压刨将另一侧大面刨削平整。

精明的木匠会组合使用电动工具和手工工具。电动工具可以有效地完成工作量大的操作，从而使你有更多的时间享受使用手工工具制作燕尾榫、安装抽屉、进行雕刻以及制作机器无法生产的其他精美细节所带来的乐趣。

在用平刨刨平木板的一个大面后，用压刨将木板刨削至最终厚度。12~15 in（304.8~381.0 mm）规格的压刨已经相当实惠了，这种规格的压刨也是大多数小型工房的理想选择。

带锯

与台锯一样，带锯也是一种多功能机器。带锯是锯切各种曲面的首选工具，也是唯一可以将厚木板重新锯切或纵切成较薄木板的机器。在制作需要薄板的小作品时，重新锯切是节省开支的好办法。该技术还可以用于从纹理漂亮木板上锯切出所需的木皮。但这些不是全部，带锯还可以锯切出精细的木工接合件，例如燕尾榫和榫卯接合件。

14 in（355.6 mm）的带锯最为常用，可以完成大多数的锯切操作，尤其是在它配备了升降模块后，带锯的锯切能力就能从 6 in（152.4 mm）增加到 12 in（304.8 mm）。

台钻和空心凿榫眼机

台钻的钻孔精度和稳定性是便携式电钻无法企及的。当需要精确钻取大直径的孔时，我会使用台钻。台钻并不贵，因此你可以根据预算和工房空间购买一台台式机型。如果为其制作一个专

除了能切割曲面，优质的带锯还能重新锯切木板、将木料纵切至大致宽度，且比使用台锯操作更安全。

相比便携式电钻，台钻动力更强，钻孔精度更高。

空心凿榫眼机可快速、准确地制作出尺寸精确的榫眼。

成形机是一种功能强大的机器，需要掌握一定的技术才能有效地操作它。图中显示的是带有动力进料装置的成形机，可确保操作的准确性和安全性。

> ➤ **功率**

购买机器时，要考虑电机的功率。当你进行大量操作或者长时间使用时，电机可能会因为过热而暂时断开。通过保持刀片和刀头锋利，并以较慢的速度进料，可以在一定程度上避免出现这种情况。即便如此，动力不足的机器仍然是不划算的，较小的功率会限制机器潜在的加工能力。购买机器时，比较功率是非常重要的。还要记住，随着刀头尺寸的增加，例如，平刨的刀头从 6 in（152.4 mm）更换成 8 in（203.2 mm），电机的功率也会相应增加。购买木工机器时，可能需要聘请有资质的电工为工房添加指定的电源插座，甚至更大的插口面板。

门的支架，则可以优化下方的空间用来存放物品，避免像落地式台钻那样浪费空间。

空心凿榫眼机可以看作是牢固的小型专业台钻。这种机器通过包围在方形空心凿子中的钻头，快速有效地凿切出尺寸精确的榫眼。空心凿榫眼机的台式机型价格便宜，完成操作后可以轻松收入橱柜中或放在工房角落。

成形机

成形机加工能力强大，可以对包含很多镶板或者有大量装饰件的橱柜进行塑形。成形机的功能类似于电木铣台，但它的操作精度更高，动力更强。不过这种机器不必着急购买。在你使用电木铣积累了丰富的经验之后，再决定是否需要购买成形机。

车床

将木料固定在车床上旋转，使用专门的圆口凿和平口凿对木料进行塑形。可以使用车床车削木碗或者装饰性的桌腿。

车床的尺寸差异很大，最常见的是 12 in（304.8 mm）规格的车床，其头部与尾座之间的距离为 36 in（914.4 mm）。在购买这种专用机器之前，你需要学习一些木旋技术，以掌握相应的技能，并确定你的兴趣水平和购买车床的决心。

组合机器

顾名思义，组合机器就是将多种机器的功能组合在一起的设备。大多数的组合机器都配有台锯、平刨和压刨，可能还有成形机。当你转动旋钮并释放操作杆时，机器会迅速从一种功能切换到另一种功能。

可能持续地把机器从一种功能切换到另一种功能很乏味，但是对某些木匠来说，组合机器是一个不错的选择，特别是那些工房空间有限的木匠。

购买工具

购置手工工具

如果你是新手，那么可能会发现购买这么多工具的过程会使你兴奋或者不知所措。通常，工具目录会把所有工具都界定为必需工具。而且，经常使用夹具和小工具可以避开使用基本工具所需的技能。请注意，有史以来一些最好的家具和木制品都是在电动工具和燕尾榫夹具发明之前制作的。使用基本的手工工具制作作品所带来的乐趣和满足感是难以衡量的。

如果你对木工感兴趣，但是不确定如何开始，那么从一些基本的手工工具着手是最好的选择。几把手工刨、一些测量工具和画线工具、一把燕尾榫锯和一组钳工凿基本够用了。

购买电动工具

现在，有许多公司生产适合小工房的价格实惠的电动工具。但是，仍然有一些工具要避免购买。购买之前最好参观木工房或工具展，并仔细检查电动工具。活动部件的安装和平衡最为重要。震动过于强烈的电动工具是很难进行精确操作的。带锯特别容易震动，因此需要皮带轮、滑轮甚至电机之间取得精确的平衡。

购买锯片、铣头和刀头

切削工具是所有机器的核心。优质的锯片能够大大提高普通电锯的性能，但是，如果配备了劣质切削工具，即使最高端的机器也会让你失望。高质量的锯片、铣头和刀头具有良好的加工特性和平衡性，可确保切削顺畅进行。最好的硬质合金刀头较厚，且使用细晶粒的硬质合金制作，可以反复研磨。

锯片和铣头的刃口材质可以是碳钢、高速钢或硬质合金。很多带锯锯片是用碳钢制作的，与刨刀和凿子等刃口工具材质相同。尽管碳钢可以

配备优质锯片、铣头或刀头的电动工具加工效果也比较好。

形成好用的刃口，但是其耐热性能不及高速钢和硬质合金。

高速钢可以研磨形成锋利的刃口，并具有较好的耐热性，具备制作优质工具的品质。实际上，许多木旋用的圆口凿都是用高速钢制作的。不过，高速钢的耐磨性不及硬质合金，如果用高速钢工具切割人造板材，如刨花板，高速钢刃口很快就会钝化。

硬质合金通常被钎焊到锯齿和铣头的刃口尖端。由于硬质合金硬度极高，所以具有极佳的耐磨性。

请注意，生产高质量切削工具涉及的很多因素很难或者不可能进行物理检测。加工效果才是最重要的。木工杂志中的评论和对比可以作为评估这些工具的一种途径。

集尘

添加集尘装置可以大大改善工房的操作环境。而随着集尘装置的成本大幅下降，配备集尘装置不再令人困扰。带有脚轮的便携式集尘装置可以轻松地在工房中推动，并放在任何需要使用的位置。为工房添置设备时，可以考虑安装中央集尘器。中央集尘器功能强大且方便，无须推着便携式集尘装置到处跑。

这种紧凑型的两级集尘器可以解决工房中所有机器的集尘问题。

大型的中央集尘器可以同时连接多台机器。

没有哪种集尘器能够从源头捕获 100% 的灰尘。这样空气过滤器就有了用武之地。通过使用风扇和炉式过滤器，环境空气过滤器可以收集在空气中能够悬浮数小时（给了你充足的时间将其吸入）的极细粉尘。大多数的环境空气过滤器有三种速度、一个自动关闭的定时器和一个遥控器。将环境空气过滤器安装在天花板上，就能保持工房清洁，你吸入的粉尘也会更少。

[小贴士]

为了清除工房的粉尘，需要安装环境空气过滤器。它们有吊装式，也有便携式的。

> ### 安全操作

木工操作本质上是存在危险的。工具的不正确使用会导致严重的人身伤害。在确定工具能够安全使用之前，请不要尝试本书中的技术。

这是我自己总结的一套额外的准则。

- 务必认真阅读并遵循所有工具的安全指南。
- 使用机器配备的防护装置
- 保持锯片、铣头和刀头的刃口锋利。
- 使用辅助工具，例如推料杆和推料板，保持你的手远离刃口。
- 始终佩戴护目镜和听力保护装置。
- 如果工具无法正常运行，不要强制使用，应停止操作！

◆ 第二部分 ◆
木工桌、木工夹和组装

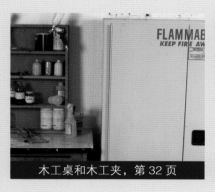

木工桌和木工夹，第 32 页

胶合和组装，第 46 页

　　木工桌是最重要的木工工具之一。坚固的大型木工桌可以为测量、画线、锯切、刨削、组装，甚至表面处理提供支撑。最好的木工桌要适合你的身高以及经常制作的作品类型。除了宽大的台面，还需要为木工桌配备至少一个台钳。大型台钳在你锯切、修整和刨削部件时可以将其牢牢固定到位。而且，还可以制作和使用很多配件来配合木工桌固定部件。夹具也可以用来将部件固定在台面上，但其主要用途是将部件组装为作品。成功的组装不仅取决于夹具，而且取决于选择正确的胶水。

第 3 章
木工桌和木工夹

木工桌是几乎所有木工操作的基础。如你所见，在刨削、凿切和刮削部件时，为了获得最佳的结果以及你的人身安全，必须使用坚固的木工桌牢牢地固定并支撑部件。本章会介绍需要为木工桌配备哪些配件，推荐可以自制的木工桌配件，以及搭配木工桌使用的多种夹具。

木工桌

优质的木工桌应该足够沉重且结构坚固，可以抵抗推挤和撞击，而不会散架。在操作时，需要由木工桌提供稳定的参考平面，因此，木工桌的台面要绝对平坦，这一点很重要。此外，台面

钢棒会不可避免的松动，可以通过拧紧螺母进行加固。

还要足够厚实，不会因为负载重物而弯曲。大而重的台钳必不可少，用来牢牢地固定各种部件。最后，不要忽视台面高度。在低矮的木工桌上弯腰工作势必会造成身体疲劳和背部肌肉紧张；同样，如果木工桌太高，伸展身体操作部件会让你感到难受和沮丧，进而影响操作质量。要确定最佳的台面高度，可以保持双臂自然垂放在身侧站立，手掌与地面平行。台面的顶部应与手掌平齐。

听起来好像很复杂，但事实并非如此。实际上，木工桌的样式多样，其设计往往非常个性化。有些设计非常复杂，且制作过程耗时费力，但也有很多结构简单的木工桌，同样可以有效地完成操作。

例如我自己的木工桌设计就很简单。但是它很适合我，因为它很重，并且在我锯切和刨削目标时，它绝对不会晃动。与精心制作的通用款商品木工桌不同，我的木工桌是根据我的身高量身制作的。在考虑木工桌时，最重要的是它要适合你进行操作，并且配有合适的系统来固定部件，即使这些系统可能很简易。

如果你想自己制作木工桌，我提供了一张图纸，你可以直接复制，或者对其进行修改以满足特定的需求。我使用一块 3 in（76.2 mm）厚的枫木板制作木工桌台面，使用 3 in × 3 in

（76.2 mm × 76.2 mm）的方木制作支撑腿。台面使用 6/4 in（38.1 mm）厚的木条边对边对齐层压制作而成，可以有效对抗翘曲。通过榫卯结构接合在一起的横撑底座通过 4 根横贯底座长度的重型钢棒固定在一起，与宽大的横撑结合，这些钢棒能够提供极强抗拉能力。随着环境湿度的变化，可以拧紧固定钢棒的螺母，以抵消木材收缩的影响。

木工桌配件

　　为了在锯切、画线和完成其他操作时固定部件，我为木工桌配备了一个大型铸铁台钳，并在木工桌的同一端添加了一个下拉式挡板，用于在刨削时固定部件。根据部件的厚度，限位块的高度可以调节。为了完善木工桌，我制作了一个两层的工具架，并将其固定在木工桌的背面，用来存放凿子、锉刀、圆口凿和直角尺等工具。工具架的存在使这些重要的工具能够井井有条地摆放在触手可及的位置。此外，工具架的封闭式设计有助于保持工具刃口的锋利状态，并规避了不小心碰到工具被割伤的风险。

　　经典的欧式木工桌除了标准的正面台钳，还配有一个端台钳。不同于经典的铸铁台钳，端台钳不会妨碍操作。另外，由于端台钳的钳口与正面台钳是垂直关系，因此提供了另一个固定部件的位置。

　　端台钳的活动钳口与木工桌的前缘设计有一排限位孔。钢制或木制的木工桌限位块可以用来固定木料，同时确保木匠能够轻松接触部件的操作表面。此外，难以固定的异形部件也可以轻松固定在限位块之间。有些木匠喜欢使用木制限位块，以避免损坏工具刃口，但是钢制限位块通常更好用。使用其他金属夹具或台钳时，避免金属靠近部件也很容易：只需将限位块放置在工具的操作路径之外。

　　组装工作台是一种需要配备的台面工具。组装工作台的高度应该低于木工桌台面，以便将箱体和其他组装件放在舒适的操作高度。组装工作台结构简单，一个框架支撑起一块胶合板就可以

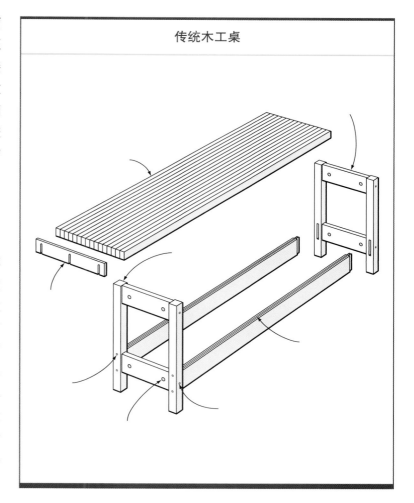

传统木工桌

大型台钳是木工桌的重要组成部分。

下拉式挡板对于刨削操作至关重要。

下拉式挡板适用于各种厚度的木料加工。

凿子支架可以使工具保持锋利且近在手边。

欧式木工桌配有两个台钳和一排限位孔。

端台钳固定部件的方向与正面台钳成90°角。

传统的木工桌限位块非常适合固定部件，同时不会妨碍操作。

这个组装工作台很矮，便于进行组装。

了。如果将台面放在折叠式锯木架上用作组装工
作台，那么就可以在不使用时将其折叠收起以节
省空间。没有一种设计能够单独解决所有安全固
定部件面临的问题。尽管大型台钳可以有效地完
成大多数部件的固定，但随着技术水平的提高，
你同样需要制作一些夹具和配件。

固定部件进行刨削

　　可能在木工桌上进行的最频繁的操作就是刨
削。在把木料加工到指定的尺寸、形状，进而检
查匹配情况和组装的过程中，将部件牢牢固定进
行刨削会变得越来越困难。

　　对于完成锯切的薄板，可以使用小的黄铜锁
眼钉将其固定进行刨削。把黄铜锁眼钉钉入一块
胶合板废料中，使其顶部高度略低于薄板的正面，
以免被刨刀的刀口碰到钉头。八边形的木料（例
如锥度桌腿和床柱的坯料）可以固定在 V 形夹具
中进行刨削，并像进行其他刨削操作一样，使用
末端限位块。

将小的锁眼钉
敲打至稍低于
木料表面。

黄铜锁眼钉非
常适合用来固
定超薄的木板
进行刨削。

V 形夹具可以
为刨削八边形
部件提供良好
支撑。将部件
固定在 V 形夹
具中，并将 V
形夹具抵靠在
木工桌的限位
块上。

　　齐平式抽屉通常需要在切割出燕尾榫并完成
组装后，经过刨削获得精确的匹配结果。如果将
整个抽屉固定在台钳中，抽屉很容易因为手工刨
刨削时施加的压力而变形，甚至会损坏燕尾榫。
为此，可以将抽屉悬空放在固定于台面边缘的一
块厚胶合板上。首先，用木工夹将胶合板固定到
木工桌台面的边缘，并记得提前将抽屉底板抽出
放在一边，待刨削完成后再重新装回。

在刨削时，手工螺丝夹可以固定长木板。

这件V形夹具可以固定长木板，以刨削其边缘。

木楔可以将木板牢牢地固定到位。

对于需要进行边对边拼接的长木板，有几种固定方案。最简单的一种方法是，用台钳固定长木板的一端，然后用一个木工夹固定长木板的另一端，并通过第二个木工夹将第一个木工夹固定在木工桌边缘。

另一种方法是使用V形和楔形夹具。用带锯在一块废木料上锯切出角度较小的V形切口，同时得到一块楔形边角料。将带有V形切口的夹具固定在木工桌上，将部件放入V形切口中，然后插入木楔将其固定到位。

固定在木工桌台面上的手工螺丝夹提供了将长木板竖起固定并进行刨削的另一种方法。手工螺丝夹是一种具有数百年历史的多用途夹具。早期的手工螺丝夹带有木螺纹，现在的可旋转钢螺丝夹更加有力，用途也更广。宽大的木制钳口可以提供强大的夹紧力，且不会在部件表面产生夹痕。之后使用第二个木工夹将手工螺丝夹固定在木工桌上。

在将木板刨削至所需尺寸时，必须意识到，很少有木板是平整的，因此必须先刨平木板的一个大面，然后再将其刨削至最终厚度。在手工刨平木板的大面时，最好使手工刨的刨身与木板的纹理成一定角度，因为稍微横向于纹理的方向进行刨削可以刨削得更快。此外，该技术还可以更轻松地去除木板上沿宽度方向的变形。为了牢牢地固定木板，需要沿其一侧边缘放置额外的限位块，与木工桌的端面限位块配合使用。

为了刨削抽屉的侧板，可以将其悬空固定在夹在木工桌台面边缘的厚胶合板上。

如果没有台钳，可以尝试使用成对的木工夹固定木板。

通过木工桌限位块和一对固定在木工桌上的挡块固定该宽板以进行刨削。

刨削台是一种工房自制的配件。这是一种简单而有效的夹具，用于在刨削木板端面时固定木板。刨削台有两个挡块，一个用来固定部件并支撑其边缘，以防止边角碎裂；另一个挡块用来在刨削时将夹具固定在木工桌的边缘。刨削台通过底部支撑手工刨的边缘。还可以制作用于修整斜接部件的刨削台。尽管有专门设计用于刨削台的手工刨，但只要是侧面与底面垂直的大型台刨，都能获得很好的加工结果。

组装门板之后，通常需要对梃和冒头部件稍稍进行刨削以整平接缝区域。我使用宽大的组装台，在门板周围固定了一系列的木条，将门板牢牢固定到位，留出了充分的空间对门板表面进行刨削。

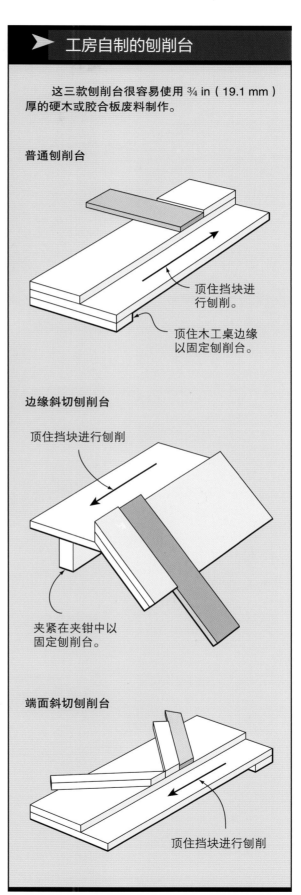

工房自制的刨削台

这三款刨削台很容易使用 ¾ in（19.1 mm）厚的硬木或胶合板废料制作。

普通刨削台

顶住挡块进行刨削。

顶住木工桌边缘以固定刨削台。

边缘斜切刨削台

顶住挡块进行刨削

夹紧在夹钳中以固定刨削台。

端面斜切刨削台

顶住挡块进行刨削

用刨削台固定木板，对其端面进行精确的刨削。

用螺丝拧紧在组装台上的胶合板木条以将门板牢牢固定进行刨削。

➤ 夹钳

　　几个世纪以来，木匠一直使用钩状的锻铁夹钳将部件固定在木工桌上。这种简单的工具用途广泛，至今仍在大量使用。夹钳松散地安装在木工桌台面的孔中，并通过楔紧作用固定。使用时，将钳口放在部件表面，并通过敲打弯曲处进行调整。要起开锚钉，请击打后拐角。

　　在木工桌上为夹钳钻孔之前，请仔细考虑将要操作的部件类型，并找到最有效的打孔点。

　　深喉铁夹有时可以与夹钳起到相同的作用。与夹钳一样，它们在成对使用时效果最佳。在雕刻或刨削装饰件时，我会在手边放几个深喉铁夹随时候命。

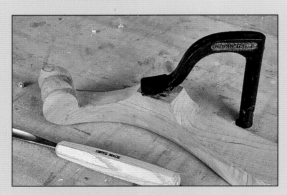

传统的夹钳固定在木工桌台面的孔中。

敲击夹钳的正面弯曲部分将其固定到位。

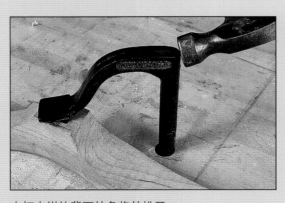

击打夹钳的背面转角将其松开。

这种深喉铁夹具有强大的夹紧力。

为了在锯切燕尾榫时牢牢固定较宽的木料，需要用台钳固定木料的一侧边缘，用手工螺丝夹固定住另一侧边缘。

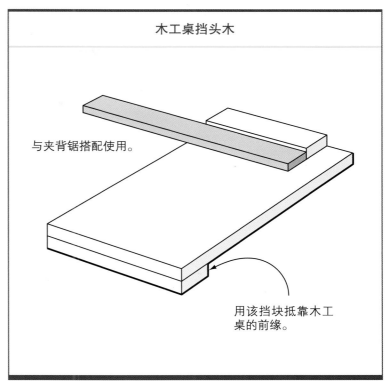

木工桌挡头木

与夹背锯搭配使用。

用该挡块抵靠木工桌的前缘。

木工桌挡头木也是一种经典的夹具，其结构和功能类似于刨削台。它的作用是在夹背锯横切木板时固定部件。像刨削台一样，它也具有两个挡块，一个用来固定部件，另一个用来把夹具抵靠在木工桌的前缘。

当你要锯切榫肩时，可以用木工桌挡头木固定木料。

固定部件进行锯切

当为箱体部件锯切燕尾榫接头时，需要木板的端面相对地靠近台钳，以最大限度地减少木板弯曲。用手工螺丝夹固定木板的一侧边缘，然后用台钳将木板固定在木工桌上。这样在每次锯切时，部件都能保持稳定，从而使你可以精确的沿画线锯切。

固定部件进行塑形

雕刻件、木旋件和弯曲部件（比如椅子的扶手和椅子腿）在固定时都面临着独特的挑战。除了手工螺丝夹，大多数的木工夹都具有金属材质的平行钳口，很容易损坏曲面部件的表面。

管夹能够固定一条桌腿或椅腿的两端，为你塑造和精修曲面轮廓创造条件。将管夹用台钳夹紧，将部件固定在适当的高度，同时充分利用木工桌的重量优势。

通常，如果木工桌台面处于刨削的最佳高度，那么对大多数的雕刻操作而言，这个高度就太低了。一种简单的解决方案是，用台钳固定一个盒子，将部件抬升到舒适的高度进行雕刻。将盒子的顶面延伸到侧板之外，可以为木工夹提供固定的位置。

这种简单的盒子可以将雕刻件和其他精细部件抬升到一个舒适的高度。

要固定诸如椅子扶手之类的异形部件，可以锯切一些与部件形状相匹配的木块作为夹具。

某些部件，例如这个顶端装饰件，可能需要制作专门的固定夹具。

管夹用途广泛，可以轻松固定椅子腿等部件进行塑形。

有时，固定异形部件最简单的解决方案是，用带锯锯切一些与部件形状相匹配的木块作为夹具。然后，可以用木工夹将这些夹具固定在木工桌台面上，这样不会损坏部件表面。

箱体顶端的装饰件和其他雕刻件应在雕刻前先进行旋切。为了固定圆柱形部件以进行雕刻，我制作了一个 V 形夹具。部件固定在 V 形切口中，且两端用限位块卡住。在雕刻时，将 V 形夹具固定在台钳中即可。

木工夹

老话说得好，木工夹永远不嫌多。这种说法不是很确切。与其他工具一样，最好谨慎选择，根据实际需要购买，然后将省下的预算用于购买木材。

木工夹可以在刨削或铣削时用来固定木料，但其最常用的场合是胶合部件时。尽管许多胶水需要数小时才能完全固化，但是大多数的胶合操

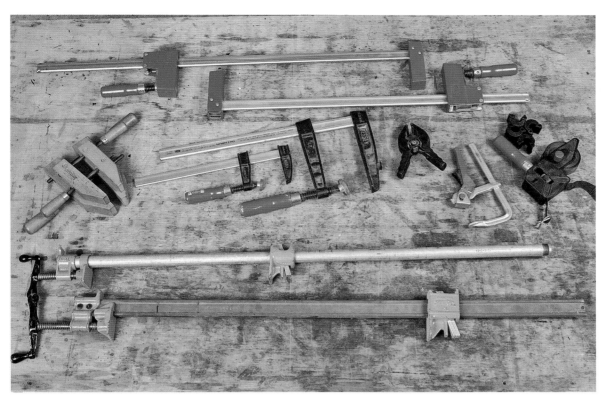

多样的木工夹可用于满足各种固定需要。

作只需要 20 或 30 分钟的夹紧时间。之后就可以卸下木工夹，将它们用于其他操作。此外，市场上还有很多不同类型的木工夹，不过其中很多木工夹可能是你永远都不会用到的专用木工夹。以下是我整理的关于木工夹的最有用的内容。

管夹

　　管夹绝对是使用最广泛的一种夹具。可以将它们用于边对边胶合的面板、框架组装、箱体组装，甚至用于固定桌腿和椅子腿进行雕刻。最重要的是，与更大、更重的杆夹相比，管夹更经济。顾名思义，管夹是以一定长度的管子为基础制成的。夹头是单独购买的，可以固定在任何长度的管子上。

　　与杆夹相比，我更喜欢使用管夹，因为它们重量更轻，使用起来更方便。此外，尾夹很容易相对于头夹偏置旋转 90°，以应对不常见的固定需要。杆夹无法做到这一点。最重要的是价格。购买一个杆夹的支出，可以配备两个或三个管夹。

　　最常用的管夹长度是 3 ft（0.91 m）。大多数需要组装的箱体、桌面和框架都可以夹入 36 in

在组装面板、框架和箱体时，管夹是实惠之选。

可以使用一个耦合器和一段额外的管子来加长管夹。

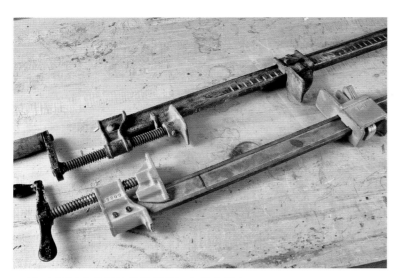

I 形杆夹可以为苛刻的场景提供巨大的夹紧力。

K 形夹方正平行的钳口能够均匀地分布压力。

与直式手柄的木工夹（下）相比，T 形手柄的木工夹（上）能够提供更好的夹紧力和更大的扭矩。

（914.4 mm）的管夹中。购买管子时，切记额外增加 6 in（152.4 mm）的长度，用来固定夹头。

有时候，对于大型组件（例如橱柜的面板）的组装，可能需要长管夹。一种经济的解决方案是，购买耦合器将一根或者多根较短的管子端对端连接起来使用。

标准杆夹

像管夹一样，标准杆夹的用途也很广泛。因为有着大型的 I 形横梁，杆夹可以提供比管夹更大的夹紧力。但是，很少有机会需要完全夹紧杆夹。虽然我有几个标准杆夹，但我很少使用它们，因为它们过于笨重。而且，标准杆夹也很昂贵。

平行杆夹

平行杆夹是一种欧式杆夹，与标准杆夹相比，它具有几个明显的优势。最明显的优势就是头夹和尾夹在负载下不会弯曲，仍能保持平行，从而可以在部件表面始终保持均匀的压力。此外，尽管平行杆夹是钢制的，但头部仍覆盖有坚硬的塑料，不易损坏部件表面。而且平行杆夹的深度使其具有传统杆夹无法比拟的多功能性，因此是固定门板和其他大型组件的绝佳选择。不过，在需要通过边对边接合制作宽面板时，我更喜欢使用管夹，因为偏置的手柄更容易拧紧夹具。

轻型杆夹可在狭窄的区域提供有针对性的夹紧力。

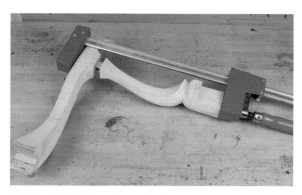

平行杆夹的有效深度可以牢牢固定椅子扶手这样的复合曲线部件。

钳口的塑料垫可以为部件提供缓冲，防止其表面损坏。

棘轮夹可以快速重新定位。

迷你杆夹

与较大的同类产品一样，迷你杆夹也有一个尾夹，可以沿钢梁的长度方向滑动进行调节。小型杆夹能够提供强大的夹紧力，而且按比例缩小尺寸的杆夹用途极为广泛。迷你杆夹是固定较小组件的理想选择，钳口附着的塑料垫也可以保护部件表面不受损伤。

迷你杆夹的另一种形式是棘轮夹，棘轮结构使其可以快速地松开和夹紧。快速拉动手柄将木工夹锁定到位，扣动扳机则可以释放木工夹。这种小型木工夹非常适合固定雕刻件或者任何需要经常重新定位的部件。

手工螺丝夹

与管夹一样，木制手工螺丝夹也是木匠的最爱。手工螺丝夹具有宽大的木制钳口，可将夹紧力分布在很大的区域，因此不会像其他类型的夹具那样损坏部件表面。此外，手工螺丝夹的钳口可以调节，以夹紧异形的和带角度的部件。通过握住两个手柄并旋转夹子，可以快速松开或闭合钳口。手工螺丝夹有多种尺寸可供选择，从小号的 5/0 号到大号的 7 号夹都有供应。

C 形夹

C 形夹是将夹具、靠山和固定装置固定到机器上的理想选择。它们能够提供可观的夹紧力和

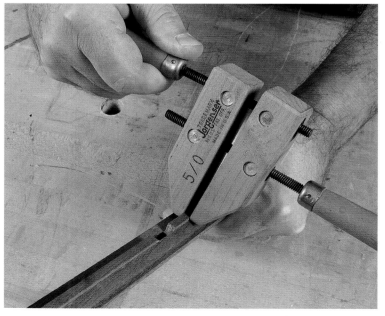

手工螺丝夹具有可调节的木制钳口，能够夹持不同角度的部件。

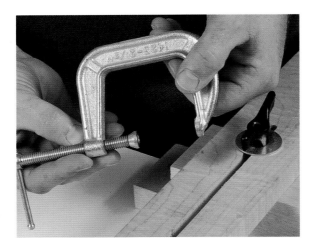

C 形夹通常是将夹具固定在机器顶部的最佳选择。

C 形夹的钳口很小，很容易在部件表面留下压痕。

工房自制夹具

有时候，自制的夹具才最适合待加工的部件。照片中的夹具用于在雕刻火焰形部件时固定其可以旋转的顶部。从本质上来说，这个夹具就是一块带有 V 形槽和限位块的木块，用于固定圆柱形的部件。其中一个挡块是可调节的，并通过一个大号的翼形螺丝锁定在适当的位置。

斜接框架很难夹紧，当施加压力时，边角往往会滑动偏离对齐的位置。斜接夹具解决了这个问题。它可以将斜接组件拉紧，保持接头对齐和框架方正。夹具的四臂上各有一排孔，使夹具可以针对几乎所有尺寸的框架进行调整。此外，夹具臂可以围绕枢轴转动，从而夹紧任何方形或者矩形框架。

V 形槽夹具

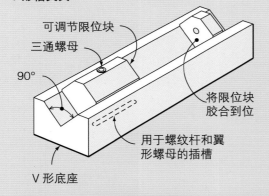

可调节限位块
三通螺母
90°
将限位块胶合到位
用于螺纹杆和翼形螺母的插槽
V 形底座

斜接框架夹具

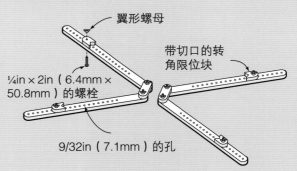

翼形螺母
带切口的转角限位块
¼in × 2in（6.4mm × 50.8mm）的螺栓
9/32in（7.1mm）的孔

螺纹杆可用于制作用来固定异形部件的夹具。

这款工房自制的斜接框架夹具只需一个夹具即可固定整个框架。

杠杆作用。C 形夹的小垫片可以将压力集中在局部区域。此特性使其非常适合将夹具固定到机器的顶部和靠山上。不过，我会在大多数的木工操作中避免使用 C 形夹，因为小垫片容易损坏部件表面，而且调整螺丝过于耗费时间。

铰接夹

铰接夹用于固定夹具和模板中的部件，以进行锯切和塑形。铰接夹可以固定木料，并将你的手保持在安全距离之外。夹具基座上有用于固定夹具的安装孔，通过杠杆作用而不是螺丝使夹具快速地松开或闭合。铰接夹同样有多种尺寸和造型可供选择，因此每种部件都能找到适合的铰接夹。

带夹

带夹利用无损尼龙带固定部件。用尼龙带缠绕部件，然后通过螺丝或者棘轮拧紧尼龙带并施加压力。带夹在固定八角形基座和其他多边形等难以或不可能用标准木工夹夹紧的异形部件时最为有用。

弹簧夹

弹簧夹的作用类似于大号的衣夹。螺旋弹簧可以为小塑料垫施加压力。弹簧夹有多种型号，非常适合小部件的修整。塑料垫不会损坏部件表面，并且垫片会根据木料的角度自动旋转。

真空压力机

传统的夹具使用螺丝或杠杆施加压力，而真空压力机则利用的是大气压。虽然从技术上来讲，真空压力机不是木工夹，但它也可以用于夹紧固定。如果你喜欢贴木皮或者想在作品中引入经过弯曲层压的部件，就会发现真空压力机的好处。有了真空压力机，你就可以省去匹配形式、垫板和动用大量木工夹的麻烦。最棒的是，真空袋中的压力是均匀的，因此无须担心分布在不同组装

部件的压力不均匀。

真空压力机的价格不贵，一般的木工预算都能承受。较便宜的系统使用更小、更轻的真空袋和连续运转的泵。如果资金投入足够，可以买到更为耐用的材料制成的大号真空袋以及能够循环开关（可以降低泵的损耗）的重型泵。

使用后，可以将真空袋卷起来以便存放。一旦用过真空压力机，你就不愿再使用夹紧木皮和制作弯曲层压部件的老方法了。

铰接夹可以快速固定夹具和固定装置中的部件。

弹簧夹的塑料钳口和较小的压力使其非常适合小部件的修整。

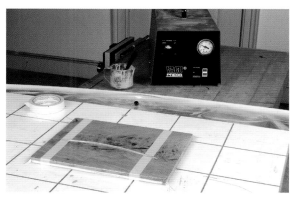

真空压力机利用大气压施加压力。

第 4 章
胶合和组装

在制作家具的过程中，组装至为关键。你可能花了几天甚至是几周的时间来确定部件尺寸、切割和组装接合件以及为部件塑形。然后，你就要在相对较短的时间内涂抹胶水，以正确的顺序组装各个部件，固定木工夹，并检查部件的对齐和垂直关系。请记住，胶合通常是不可逆的，因此必须一次性组装到位。顺利且无压力组装的关键是预先演练整个过程，通常被称为干接。干接是检查部件的匹配、对齐情况和垂直关系，并进行必要调整的必需过程，同样也是确定夹具数量和位置的时候。

继续阅读，以了解如何无障碍地完成下一次的组装。这里也会为你提供如何组装作品的可靠信息，以及所需的木工夹类型。

如果不考虑可用的木工胶水类型，组装家具的讨论就是不完整的。不过，现在的木工胶水种类繁多，很容易让人无所适从。有些胶水可以直接挤出来使用，有些胶水则需要将两种组分混合后使用，还有些胶水，比如热熔胶和皮胶，甚至需要加热后才能使用。

正如你猜想的那样，每种类型的胶水都有不同的适用场景和工作特性。通过了解常见类型胶水的基础知识，你就可以为手头的操作选择效果最好的胶水。

准备胶合表面

尽管胶合技术不断在进步，但并没有所谓的奇迹胶水存在。为了使胶水发挥预期的作用，胶合表面应该是干净、干燥且光滑的。具体来说，配对的接合表面应充分接触，毕竟胶水填补孔隙的效果很差。实际上，水基胶水，例如普通的黄胶，会随着胶水中水分的蒸发而收缩，完全不具备填充缝隙的能力。尽管某些胶水，例如聚氨酯胶，在固化时不会收缩，但过厚的胶线会削弱胶合效果。为了使胶水有效地胶合，胶合表面必须是干净、干燥和光滑的。理想的表面是经过锋利的手工刨或者凿子处理光滑的表面。在压刨或平刨上进料过快而产生的搓板状的粗糙表面会限制配对表面充分接触。为了获得最佳胶合效果，应该使用真空吸尘器或者用压缩空气清洁经过打磨的表面，以去除木料孔隙中的粉尘颗粒。

选择正确的胶水

胶水的工作特性、胶合强度和适用温度范围差别很大。例如在较低的温度下，某些胶水的固化速率会变慢，而另一些胶水的黏附力会减弱或者根本不起作用。在使用不熟悉的胶水时，我总是仔细阅读并遵循制造商的说明书。接下来，我们会详细了解胶水的一些特性，为选择胶水提供参考。

便于使用

可以从瓶子中直接挤出涂抹在木料表面，并且用水即可擦去，这样便于使用的胶水是首选。白胶和黄胶是最常用的木工胶水，不仅因为它们使用方便，而且因为它们黏附力强，价格低廉且不会散发有害烟雾。不幸的是，它们抗蠕变性和防水性都很差，而且是不可逆的。

可逆性

胶水的"脱胶"能力对吉他制造商和家具修复师来说是一个重要的特性。吉他是需要维修的，因为琴弦对其固定部件施加了巨大的力。修复古董也应该使用具有可逆性的胶水，以免破坏作品的完整性。当然，对大多数木匠工来说，可逆性并不重要，因为精心制作和保养的家具至少可以使用 100 年，甚至更久。最常见的可逆胶是皮胶，因为它是用磨碎的动物皮熬制而成的。同样，任何天然产品衍生出的胶水通常都是可逆的，用其胶合的部件也是可以拆卸的。而现代的合成胶水则是不可逆的。

抗蠕变性

任何承受过大压力的胶线都会发生蠕变。这种现象通过胶线的不匹配表现出来。例如在实木基板上粘贴木皮、将多层实木胶合在一起以制作沉重的床柱等。当这些宽阔的表面由于环境湿度的季节性变化发生形变时，接合件就会略微错位。如果制作弯曲层压件，那么具有蠕变趋势的胶水也会回弹。抗蠕变性的绝佳选择是脲醛树脂胶。聚醋酸乙烯酯（PVA）胶以及白胶和黄胶具有中等的抗蠕变性。接触型胶水几乎没有抗蠕变性。

防水性

有几种胶水具有出色的防水性能。但是请注意，胶水的防水性也是存在差别的。请务必仔细阅读产品标签。例如 II 类黄胶具有耐水性，但是不能防水，因此适用于制作户外家具，但不适合造船。间苯二酚和环氧树脂胶水都是防水的，并

现在，胶水的选择很多。

干燥1小时后，凝固的黄胶很容易刮掉。

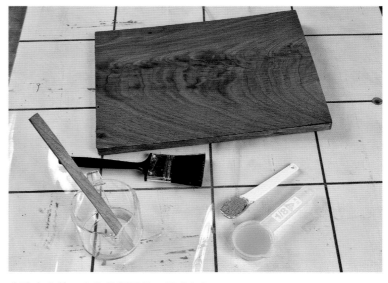

在胶合之前，应先将所需的工具准备好。

且是胶合需要长期浸入水中的部件的最佳选择。这些胶合剂包含两种组分，在使用前必须进行称量和混合。

毒性

　　需要在使用前混合的双组分胶水通常毒性最大。这些胶水通过化学反应固化，这个过程中会释放出有害的烟雾。安全措施是必需的，阅读产品标签，并采取必要的防护措施以保护自己。

能够在正确的位置将适量胶水涂抹均匀的工具才是最好的工具。

为了更好地控制胶水的涂抹，应先修剪焊剂刷的刷毛。

将双组分胶水混合均匀。

涂胶工具

　　涂胶时，使用合适的工具可以事半功倍，使在正确的位置均匀涂抹适量的胶水变得容易。油漆辊适用于大型部件，例如使用层压板制作木工桌的台面或者在木皮的基板上涂抹胶水。短柄胶辊通常足够大，可以很好地均匀涂抹胶水。对于较小的部件，旧的信用卡或电话卡效果就很好。

　　一种非常简单有效的涂胶工具是细锥度棒。这种木棒很容易深入榫眼内部，可以用其在榫眼内壁上涂抹胶水。焊剂刷也可以很好地深入狭窄的区域。但是，它的刷毛太长，无法很好地控制，因此我会在使用之前将刷毛剪短。

　　进行一些小修复操作是不可避免的，注射器能够把适量的胶水挤入所有裂缝或缝隙中。我使用的注射器配有粗大的针管，可以让胶水顺利流过。

胶合策略

　　胶合是一个高风险的操作，有很多需要注意的地方。也许你已经投入了几天甚至几周的时间选择胶水、对部件进行预处理和干接测试，现在终于到了组装胶合的时候。由于胶合通常是不可逆的，因此必须一次成功。在胶水凝固之前，通常只有几分钟的时间进行调整，所有部件必须对齐，组件必须足够方正或处于正确的角度关系。

听起来似乎很复杂，但实际操作起来并不麻烦。胶合过程可以很平稳，一切按照计划推进即可。关键是要有严谨的计划。我不会在没有进行干接测试的情况下进行胶合操作。可以将干接测试视为练习，用来演练组装各种部件的顺序以及放置木工夹的位置。干接测试还可以让你检查所有接合部件的匹配情况，并检查整个组件是否方正。如果存在任何问题，那么它们会表现得很明显，应及时修复解决。如果干接测试没有问题，那么就可以准备涂抹胶水了。所有的工具均已放置到位，木工夹的数量也根据部件的大小做了相应的调整。这里还给出了一些其他准则，对于干接测试以及胶合本身都很重要。

•使用方正的木料。即将进行胶合的木料应该平直、方正。举例来说，如果你要将边对边拼接的木板胶合起来制作桌面，则每块木板的正面都应该没有翘曲，边缘平直且与正面垂直。可以使用平刨和压刨或者手工工具将木料刨削方正。

•制作紧密匹配的接合件。诸如燕尾榫和普通榫卯接合件，应该只靠手部施力或者用木槌轻敲即可组装到位。请记住，木工夹的作用是保持接缝闭合，直到胶水凝固，而不是夹紧匹配不良的接头。如若在木工夹移除后仍需要额外的压力才能使闭合的接头持续产生应力的情况，接合最终会失败。

•施加最小的压力。假设接合件制作精确，请记住，大多数的木工夹所能施加的压力远远高于保持接头闭合所需的压力。过大的压力会压碎木纤维，并使组件偏离方正状态。拧紧夹具时，使其施加的压力能够闭合接头即可。

•制作子组件。一次只胶合几个部件要容易得多，而试图一次性将全部部件（即使只是一件小作品）胶合在一起很容易失败。不说别的，很难在胶水开始凝固之前，完成所有的部件胶水的涂抹。同样，作品也可能在许多木工夹的重量和压力下发生弯曲和变形。应该先胶合制作子组件，

小角度短刨能够干净地整平燕尾榫接合件端面凸出的部分。

即使是一件小作品，也应该先胶合制作子组件。

例如小桌子的左半部分和右半部分。待胶水凝固后，再将整张桌子胶合在一起。干接测试会让你了解到，每次胶合的部件是否过多。

•操作面必须平坦。即使接合件完美无瑕，如果木工桌的台面是扭曲的，也会将扭曲传递到镶板门或者燕尾榫抽屉上。我更喜欢在木工桌台面上胶合组件，因为我知道它的台面是平坦的。在胶合大型作品时，我有时会使用锯木架，但首先要确保每个锯木架的台面位于同一平面上。如有必要，我会在锯木架的支腿下垫上垫片。

涂抹胶水

在拆下完成干接测试的部件时，请注意木工夹的数量和位置。把所需的胶合工具都准备好，例如直角尺、内对角测量器、涂胶辊和可以将部件轻轻敲击到位的木工槌。

[小贴士]

在固定边对边拼接的木板时，我会上下交替使用木工夹，以平衡木板上下两面的压力。否则，可能会在胶合过程中出现瓦形形变。

将胶水均匀涂抹在接合件的所有长纹理表面，并按照在干接测试时确定的顺序有条不紊地组装

部件。在夹紧木工夹后，以有少量胶水被挤出为佳，这样就能断定，胶合处的胶水用量是足够的。不过，也要避免胶水用量过多导致过度挤出。这样的话你会面临很多麻烦，从部件的表面、转角和缝隙中清除多余胶水也很费时间。你需要通过实践才能知道涂抹多少胶水是合适的。在刚开始的时候，最好保守一点，不要涂抹过多的胶水。

去除胶水的最佳时机是在胶水部分固化的时候。在此阶段，胶水不再是液体，而是类似质地柔软的塑料，很容易刮掉。用湿抹布擦拭湿胶水会将其推入周围木料的孔隙中，并在随后的表面处理过程中给你带来麻烦。任由多余的胶水凝固也有问题。完全凝固的胶水硬而坚韧，在将其刮掉时，很容易伤到木料表面。

▶ 木工夹压力的指示

有时候，看似很简单的组件，一旦涂上胶水并固定好木工夹，再想拆开就会变得非常困难。这就是干接测试非常重要的原因。研究接头，确定需要压力的位置，然后使用垫块引导压力。例如对于典型的支撑腿 – 横撑组件，施力的点在横撑后部，而不是相对于支撑腿居中施加压力。居中施加在支撑腿上的压力会使框架结构扭曲，不再方正，但是一个简单的垫块就可以正确分配压力。一些接合件，尤其是在非直角的转弯处，需要使用定制的垫块。燕尾榫接合件需要带 V 形切口的垫块，以便将夹紧力引导至燕尾头。

燕尾榫接合件的垫块

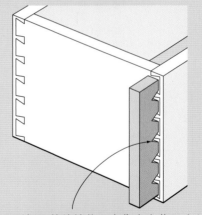

带有 V 形切口的垫块将压力集中在燕尾头上。

夹紧支撑腿 – 横撑组件的垫块

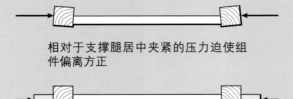

相对于支撑腿居中夹紧的压力迫使组件偏离方正

垫块将压力引导到横撑后面

夹紧角柜的垫块

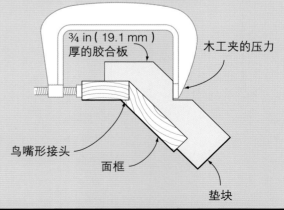

¾ in（19.1 mm）厚的胶合板

木工夹的压力

鸟嘴形接头

面框

垫块

胶合操作

摩擦接合

　　摩擦接合是一种无须使用木工夹的边对边接合。该技术适用于难以放置木工夹的小型接合件和笨拙的组件。窄板的边缘必须完美匹配，接合区域不能有任何的间隙或裂缝（图 A）。用铅笔在木板上做标记，以便之后重新对齐（图 B）。接下来，沿一条边缘均匀地涂抹胶水（图 C），然后将两块窄板对在一起来回摩擦几次，使胶膜更加均匀（图 D）。根据之前的标记对齐接缝，等待胶水干燥（图 E）。

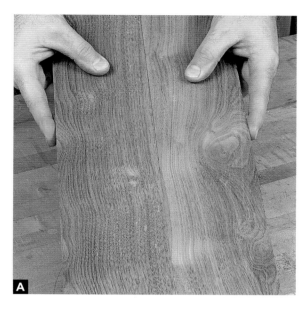

A

B

C

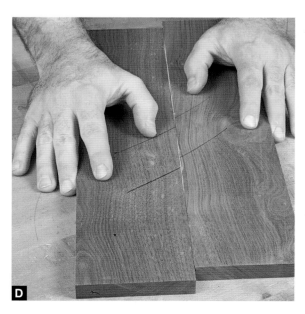

D

E

边对边拼接

对制作小型桌面、门板、书桌面板以及任何需要展示漂亮纹理的作品来说，宽板是最佳选择。因为使用多块窄木板拼接制作的宽板，接缝过于显眼，明显影响美观。但很多时候，你不得不将两块或者三块木板拼接在一起，用来制作较大的桌面或抽屉底板。

在边对边胶合木板时，我不会使用方栓、圆木榫、饼干榫或者任何其他方法来增加接合件的强度或帮助其对齐。边对边接合本就是长纹理面的接合，接合区域的强度已经超过了周围木料本身的强度。而且木板在刨削至所需厚度之前，已经使用平刨进行了刨平、刨直，因此对齐很容易。当固定木工夹时，通过简单的推拉就可以将木板对齐。

从干接开始（图 A）。用平尺检查木板以确保组件表面平整（图 B）。接下来，只在一条边缘均匀涂抹胶水（图 C）。胶水过多会增加润滑效果，导致木板在夹紧后出现错位。从组件的中间位置开始固定木工夹，然后向两端移动分配木工夹。在拧紧木工夹之前，先用指尖检查接缝区域的对齐状况（图 D）。如有必要，推动木板两端以对齐接缝。继续拧紧木工夹，注意在组件上方和下方均匀分配木工夹，以平衡夹紧力（图 E）。最后轻轻地将每个木工夹拧紧到合适的程度，将组件放在一边晾干（图 F）。

支撑腿 – 横撑组件

支撑腿–横撑结构常通常用于桌子、椅子、床，甚至某些箱体的制作。支撑腿的厚度通常是横撑部件的2~3倍，这在夹紧过程中会带来一些挑战。如果来自木工夹的压力居中作用在支撑腿上，会导致支撑腿相对于横撑部件偏离，框架结构无法继续保持方正（参阅第50页"木工夹压力的指示"）。解决方法是使用垫块。由于垫块与横撑的厚度一致，因此它们会将来自木工夹的压力引导到接合区域，从而避免了框架受力不均无法保持方正的情况。此时最好检查一下支撑腿，以确保它们的底部在同一平面上。

准备好各种工具并进行干接测试（图 A）。检查接缝是否完全闭合，如有必要，可以略微底切榫肩以闭合接缝。接下来，在榫眼壁和榫头表面涂抹胶水（图 B）。将垫块夹在接合区域正后方的支撑腿上（图 C），施加中等的压力以闭合接缝（图 D）。现在将组件翻过来，并横跨组件的内表面放置一把平尺，平尺的两端分别位于支撑腿的上方（图 E）。正常情况下，两根支撑腿的内表面应位于同一平面上。如有必要，可以稍稍调整垫块的位置以纠正问题。待接缝中挤出的胶水逐渐变干，凝固而不坚硬时（图 F），用凿子小心地将其刮掉。等到左右组件的胶水完全凝固后，将整个桌子胶合在一起（图 G）。

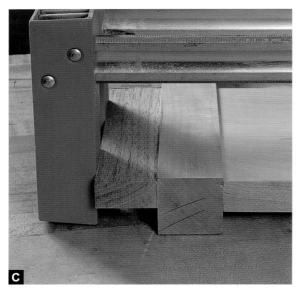

C

D

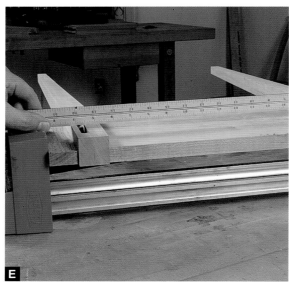

E

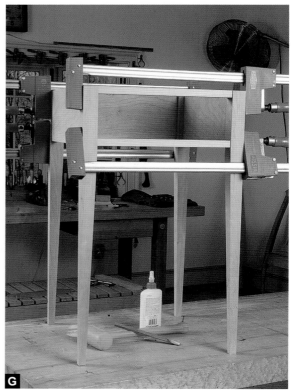

G

F

榫卯框架

榫卯框架在木工领域有着广泛的应用，通常用作箱式作品的面框。通过在框架中添加面板，就可以制作出柜门。框架的垂直部件被称为梃，在上面开榫眼以接受水平部件（被称为冒头）末端的榫头。照片中的框架是箱柜下方的底座，用来连接到托脚。

注意照片中梃额外超出的长度。这是一种经过实践检验且可靠的框架制作方法。多余的长度被称为截锯角，直到组装完成才能将其锯掉。截锯角有多种用途。当你开榫眼时，它们可以增加梃部件的强度，并且省去了胶合过程中完美对齐部件的要求。最后，截锯角会被锯掉，梃的顶端会与冒头的顶部保持平齐。此外，在干接测试之后拆卸面板时，截锯角会提供一个施力位点，使你可以在不损坏部件的情况下完成拆卸。

干接测试后，在每个榫眼的内壁（图 A）和每个榫头的表面（图 B）涂抹一层胶水。组装框架，并施加较小的压力将接合件牢牢固定到位（图 C）。然后检查框架是否方正（图 D）。我使用的是精确的木工角尺（并非所有的木工角尺均为90°），使用内对角测量器测量对角线也能很好地完成检查。如有必要，可以稍微松开夹具，用香槟木槌敲击框架的末端促使其恢复方正，然后重新拧紧木工夹（图 E）。

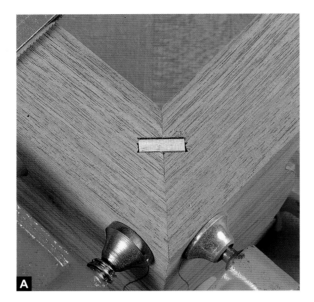

A

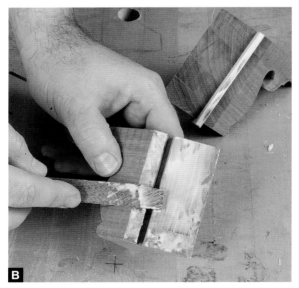

B

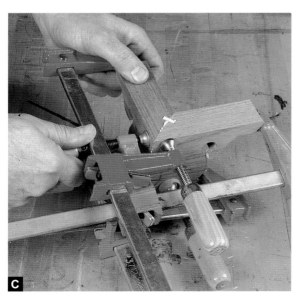

C

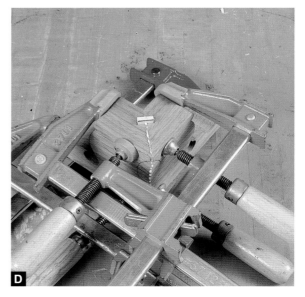

D

斜接托脚

　　S 形托脚必须能够支撑与其相连的箱体的重量。因此，为了获得额外的强度并辅助对齐，我使用 ¼ in（6.4 mm）厚的胶合板制作了方栓。在胶合之前，先用带锯锯切出托脚的外部轮廓；在胶合之后，用带锯锯切出托脚正面的 S 形轮廓。切记要将方栓向内偏移，以免不小心切到方栓，破坏整体的结构稳定性。

　　在胶合托脚时，小型杆夹的效果非常好。这种木工夹有不同长度供选择，并能提供足够的夹紧力，且不像大型木工夹那样笨拙。

　　我首先进行干接测试，以调整木工夹的数量和位置，并对接合件的匹配情况做最后的检查（图 A）。接下来，在接合件的配对表面分别涂抹一层薄而均匀的胶水，包括方栓槽内（图 B）。在方栓的辅助下组装部件，将接合件轻轻组装到一起。在放置每个木工夹时，都要从施加较小的压力开始（图 C）。即使有方栓提供辅助，在第一个木工夹上施加过大的压力也会导致接合件难以对齐。

　　待所有的木工夹就位，就可以把每个木工夹继续拧紧一些。如果斜接部件稍有错位，可以松开一个木工夹，然后轻轻拧紧对面的木工夹，使接合件重新对齐（图 D）。

斜接盒子

　　斜接的盒子很难夹持，因为其接头没有互锁结构，在施加夹紧力时很容易错位。小盒子尤其困难，因为能固定木工夹的空间很小。一种可靠的方法是利用包装胶带组装盒子（图 A）。包装胶带的固定效果非常好，并且具有足够的拉伸强度，可以在胶水凝固的过程中提供足够的压力。包装胶带有多种颜色，但我更喜欢透明的包装胶带，因为便于观察接头的情况。这项技术很有用，与大多数胶合操作一样，首先在干接测试中尝试使用这项技术，以获得感觉。

　　首先在台面上展开一段包装胶带，黏性面朝上（图 B）。将胶水涂抹在斜接面上（图 C），并将部件端对端粘在包装胶带上（图 D）。现在只需折叠盒子（图 E）。折叠到最后一个转角时，拉伸包装胶带以在接缝处施加压力，然后将胶带粘到盒子上（图 F）。将盒子放在一旁，等待胶水凝固（图 G）。

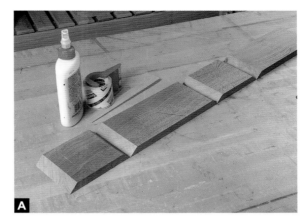

F

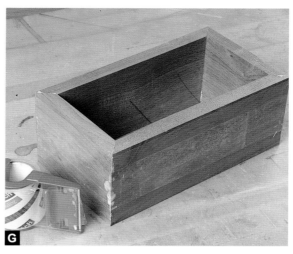

G

A

B

燕尾榫箱体

燕尾榫部件，尤其是手工切割的燕尾榫部件，通常只有一种组装方式。胶合燕尾榫盒子就像在寻找配对部件进行拼图一样。为了避免反复尝试或在胶合时疯狂地寻找标记，我使用了一种不同的方法。首先，组装盒子并检查接头的匹配情况和是否方正（图A）。接下来，我用香槟木槌轻轻敲打接头，使其处于分开一点但未完全分开的状态（图B）。这样我就能接触到接头的内部以涂抹胶水，完成胶合后可以再次敲打接头使其闭合。接下来，把胶合需要的工具准备好，包括木工夹具、垫块和角尺（图C）。内对角测量器也很适合检查箱体是否方正，特别是大型箱体。为了涂抹胶水且避免胶水落在盒子表面，我使用一根带锥度的细木棒快速而小心地在每个插接头的长纹理面涂抹胶水（图D）。用木槌小心轻柔地将接头敲打到位，然后把带切口的垫块对准燕尾头放置（图E）。适度的夹紧力会使接头紧密闭合，直到胶水凝固（图F）。切记在胶水凝固前检查箱体是否方正（图G）。如有必要，可以轻轻推动转角区域使盒子归于方正。最后，将盒子放在平坦的表面上，直到胶水完全凝固（图H）。

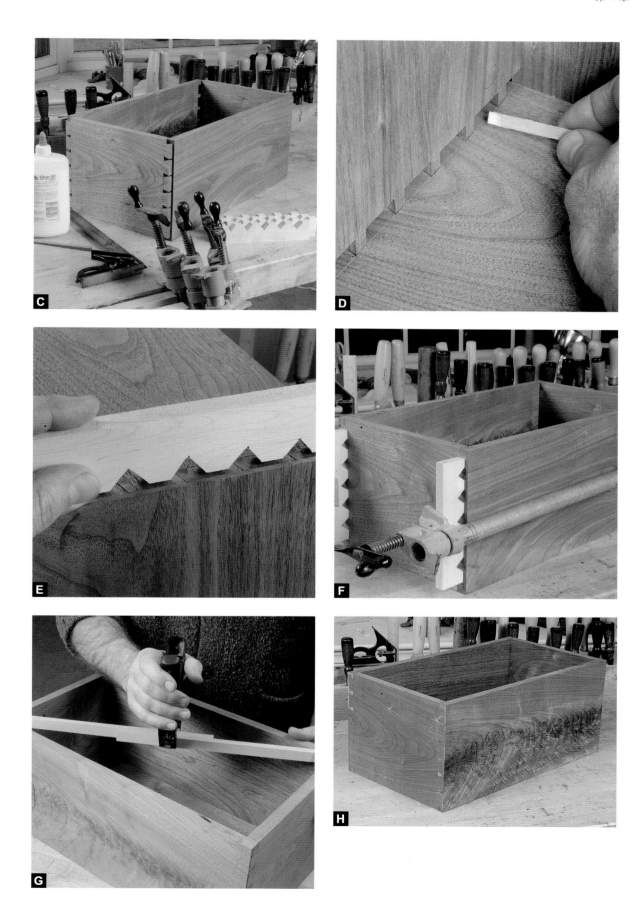

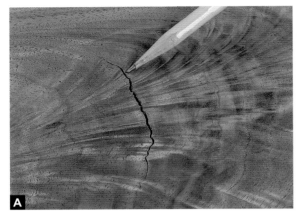

用环氧树脂填充缝隙

纹理图案最美丽、最复杂的木材，其天然缺陷通常也是最多的，例如木节和应力造成的裂纹（图A）。修复木节和其他缺陷的简单方法是使用环氧树脂。只需将打磨产生的粉尘与环氧树脂混合进行填充，就可以轻松掩盖修复痕迹。将等量的5分钟透明环氧树脂的两种组分挤到混合板上（图B）。混合两种组分（图C），然后混入少量粉尘（图D）。使用木棒在缝隙处涂抹混合物进行填充。待环氧树脂胶完全凝固后，刮掉多余的部分，并用砂纸将填充区域打磨至与周围表面平齐。

> ⚠ **警告**
>
> 双组分的环氧树脂混合时可能会产生有害的烟雾，因此请佩戴呼吸面罩或提供足够的通风。

◆ 第三部分 ◆
手工工具

测量和画线工具，第 62 页

手锯和凿子，第 76 页

手工刨和刨削技术，第 102 页

细锉刀和粗锉刀，第 137 页

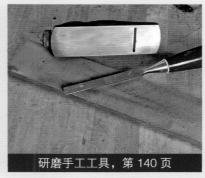
研磨手工工具，第 140 页

　　手工工具的数量足以令人眼花缭乱。同时，现在有更多价格实惠的木工机器可供选择，那么为什么还要使用手工工具呢？部分的吸引力源于浪漫的体验。手工工具使用起来令人愉悦，并且能够留下明显的"手工制作"痕迹。使用手工工具需要高超的技术，但安静的操作过程可以带给操作者极大的满足感和成就感。事实上，很多时候，手工工具也是最有效的选择。为了完成复杂的切割，设置机器需要很多时间。此外，使用手工工具可以制作出具有精美细节的作品，而这些通常是使用电动工具很难或无法获得的。

第 5 章
测量和画线工具

"两次测量，一次切割"仍然是一个很好的建议；没有什么比切错一块珍贵的木板更令人沮丧的了。当然，准确的画线同样重要。画线提供了关键的路线图，可以为一系列的切割提供方向和顺序的指引。画线是测量和标记接合件、曲面和其他重要细节的过程。

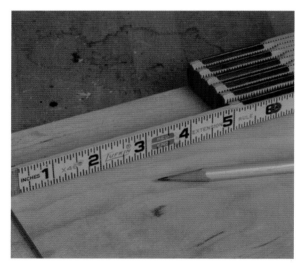

6 ft（1.83 m）长的折叠木尺用途广泛且携带方便。

钢卷尺是测量长木板的理想选择。

测量工具

测量工具应近在手边。我最喜欢的测量工具是经典的拉夫金 X46 折叠木尺。它的最大长度为 6 ft（1.83 m），超过了大多数木工作品的尺寸，而且它可以快速折叠放在后兜里。与钢卷尺不同，折叠木尺可以平放在部件上，在使用过程中不会无意地缩回。此外，折叠木尺在凿切榫眼时可以当作深度计使用。每隔几个月在每个枢轴处滴一滴油，折叠木尺就可以为你服务多年。

在粗切木板时，我会使用钢卷尺进行测量。20 ft（6.10 m）的钢卷尺足够长了，并且钢卷尺的刚性足以使其伸出几英尺而不会弯曲。

对于分割和转移测量值，两脚规通常是最准确、最有效的选择。它们的钢制支脚在弹簧张力的作用下枢转，并通过调节螺丝固定到位。在为弯曲的和形状不规则的物体（例如雕刻件）画线时，两脚规特别有效。在直尺或钢卷尺不适用的地方，也可以使用两脚规，其在 4~12 in（101.6~304.8 mm）范围内有多种规格可选。当两脚规的尖端钝化时，可以使用扁锉轻轻锉削。

弹簧卡规可用于在木旋、雕刻和雕塑时测量作品直径。与两脚规一样，一个简单的调节螺丝

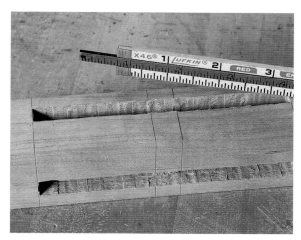

折叠木尺上的滑条非常适合用于测量榫眼深度。

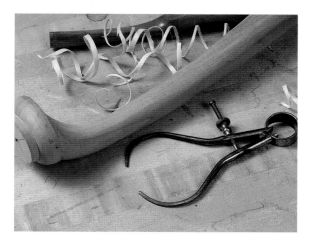

使用弹簧卡规测量雕刻件和木旋件的直径。

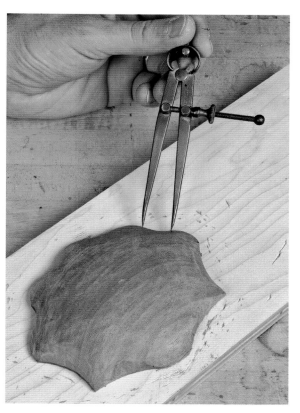

两脚规是为雕刻件画线的最佳工具。

数显游标卡尺可用于进行精确测量。

在固定悬挂式的架子和橱柜时，电动壁柱探测器非常有用且方便。

就可以使弹簧保持张力。在木旋时，我可能会使用6种不同规格的卡规，以免因不断重置同一卡规而影响操作效率。

在精确加工接合件或其他部件时，机工卡尺非常有用。这种工具既有指针读数型号，也有数字读数型号。机工卡尺既能测量部件内部，也能测量部件外部，测量精度可以达到千分之一英寸。尽管大多数木工操作不需要这种精度，但在将木板铣削到精确厚度，或者设置台锯以精确锯切与榫头匹配的榫眼时，这种精度就很有用了。在有了机工卡尺后，我相信你还会发现它的其他用途。

螺柱探测器将有助于为悬挂式的橱柜或架子选择正确的固定位置。这种小型的手持装置使用电子设备来定位墙柱的边缘。与老式的钉钉法（将钉子敲入墙体内，直到钉子碰到坚硬东西的方法）

相比，这种方法对墙壁更为友好。只需打开设备并将其沿墙壁滑动，直到指示灯亮起并发出声音。

角尺和斜角规

角尺是最重要的木工工具之一。我最喜欢的角尺是机工组合角尺。这种角尺精度高且用途广泛。可滑动铁头可以沿钢尺的长度方向锁定在任何位置。无论组合角尺的头部还是尺身，均经过了精心加工，以确保准确性。标尺的正面刻有数字标记和分隔线，最好的标尺甚至经过了缎面处理，更易于读数，也更耐磨。可滑动铁头赋予了组合角尺各种功能，使其既可以用作内角尺，也可以用作外角尺。此外，它还可以用作检查榫眼和其他接合件的深度计、设置机器的高度计以及检查 45° 斜面的角尺。12 in（304.8 mm）的组合角尺最为常用，但一些较小尺寸的角尺也很有帮助。6 in（152.4 mm）的角尺适用于较小的空间，4 in（101.6 mm）的角尺携带方便，可以轻松装

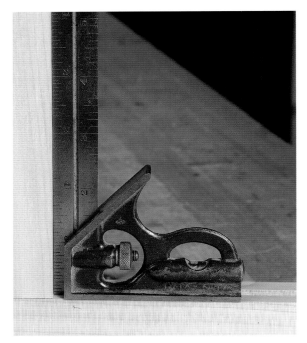

组合角尺的可滑动铁头可以用来检测内角。

在画平行线时，组合角尺也可以用作量规。

组合角尺可以用来检查榫眼的深度。

经过缎面镀铬处理的量尺（下方）比使用抛光钢制成的量尺（上方）更容易读数。

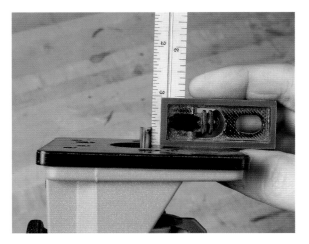

小型直角尺是设置电木铣铣头的理想工具。

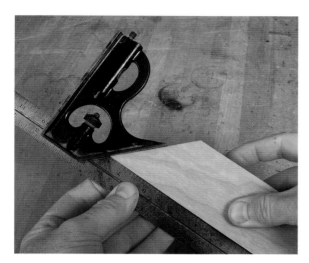

组合角尺检查斜角也很有效。

入口袋，在工房的各处使用，包括画线和检查接合件。

　　使用组合角尺时，一定要在调整完成后锁定可滑动铁头。避免使用廉价的组合角尺。这些劣质产品通常是用铝、塑料和冲压钢制成的，可能直角都是不准确的。我们这里提供了检查组合角尺是否精确的方法。

　　也可以购买配件，赋予组合角尺更多功能。中间的可滑动铁头可以快速轻松地找到圆形或方形木料的中心。量角器头可以 360° 旋转，轻松定位超过 90° 度的角度。

　　尽管框架角尺多用于粗木工，但也可以用于画线以及检查大型组件是否方正。与所有画线工具一样，务必购买优质的框架角尺。虽然可以对偏离 90° 的框架角尺进行细微调整，但仍然得不

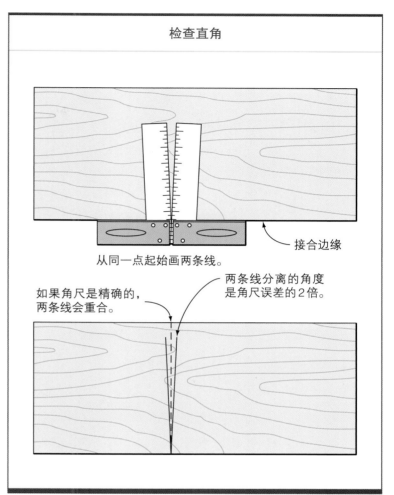

检查直角

从同一点起始画两条线。

接合边缘

如果角尺是精确的，两条线会重合。

两条线分离的角度是角尺误差的 2 倍。

用量角器头可以轻松确定特定的角度。

可滑动铁头的中心可以准确定位圆形或方形木料的中心。

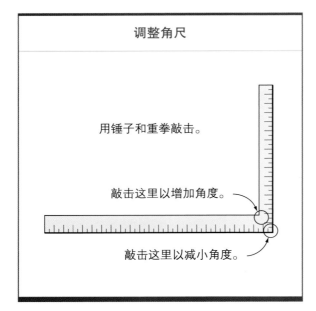

调整角尺

用锤子和重拳敲击。

敲击这里以增加角度。

敲击这里以减小角度。

偿失。最后，为了精确地设置机器，一把小型的机工角尺很方便。这些机工角尺制作精确，且刀片牢牢固定在可滑动铁头上。

滑动斜角规是为非 90° 的角度画线的首选工具。与直角尺一样，斜角规也有一个刀片和一个刀头，枢轴将两个部件牢牢固定在一起，并能将其以任何角度锁定到位。可以使用量角器或通过绘制整数比来设置斜角规。

一直以来，燕尾榫都是木工工艺的标志。现在，尽管有各种各样的电木铣夹具辅助制作燕尾榫，但仍有充分的理由手工切割燕尾榫，无关其他，只是为了乐趣。虽然可以使用可滑动斜角规为燕尾榫画线，但燕尾榫规更为好用，因为它已预先设置好了燕尾榫的角度。燕尾榫规的设计千差万别，但我最喜欢的是简单、实惠的铝型材燕尾榫规。这种产品有两种不同的角度可供选择，而且较软的铝材使你可以轻松地将此基本工具修改为任何需要的角度。

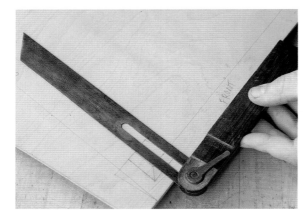

一把小型机工角尺可以轻松设置锯片和铣头的角度。

通过调整斜角规可以转移任何角度。

斜角规有多种尺寸。

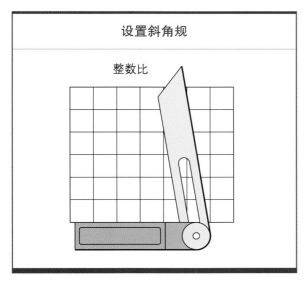

设置斜角规

整数比

简单、实惠的铝型材燕尾榫量规是为燕尾榫画线的理想工具。

画线工具

无论是将粗木料切割到指定长度，还是为精细的接合件画线，大多数画线都是用铅笔完成的。铅笔价格便宜，很容易买到，且可以根据需要擦除铅笔线。要提高铅笔画线的准确性，应使用较硬的 4 号铅笔，而不是标准 2 号铅笔。为了进一步提高画线精度，可以用砂纸将铅芯磨削成类似凿子刃口的形状。这个来自老制图员的技巧能绘制出更细、更精确的画线。标准的 2 号铅笔铅芯柔软，非常适合为需要用带锯锯切的曲面部件画线。对于深色木料，可以使用白铅笔画线。它们柔软的蜡质铅芯难以保持锋利以精确地画线，但对于勾勒需要用带锯或钢丝锯锯切的曲面非常有用。

为了获得精确的画线，需要将铅芯磨削成凿子刃口的形状。

要获得最精确的画线，应使用划线刀。

用薄胶合板制作的模板使复制曲线变得容易。

这个划线规很容易设置，因为它的横梁带有刻度。

取下划线规的划线针并加以研磨。

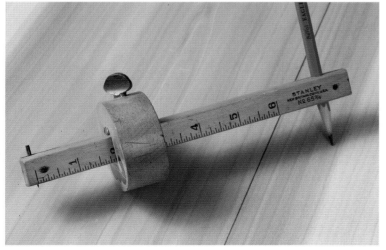

该划线规的一端装有一支铅笔，另一端装有一把划线刀。

为了最大限度地保证画线精度，我使用划线刀。相比名贵硬木手柄和抛光钢刀片制成的精美刀具，我更喜欢便宜的成形刀。成形刀的刀片很薄，可以伸入狭窄区域，锋利的刀刃可以刻划出非常精确的标记线。当刀片钝化时，可以直接更换新的刀片。

划线规

划线规已经有数百年的历史了，现在仍然是木工领域最有用的工具之一。划线规由一根横梁和一个可以沿横梁滑动的木制靠山组成，且靠山可以通过指旋螺丝锁定到位。固定在横梁一端的画线工具可以顺纹理或横向于纹理刻划出永久性的线条。画线工具可以是钢针、划线刀或划线轮。我最喜欢的划线规是史丹利 65 号划线规。这个型号现在停产了，只能购买二手的。它有着带刻度的黄杨木横梁和经过硬化处理的钢针，钢针可以轻松取下进行研磨。所有易磨损处均裱有黄铜。

经过正确研磨后，划线规可以顺纹理或横向于纹理刻划出清晰、均一的细窄切口。钢针容易撕裂木纤维，而不是将其切断。将钢针研磨出类似凿子刃口的形状并珩磨锋利可以解决这个问题。我不喜欢使用轮式划线规，因为大多数的划线轮只能产生压痕，而不是清晰的切口。

购买划线规时，可以考虑老式的型号。因为很多老式的划线规具有一些现在的新型号不具备的有用功能。例如大多数老式划线规都有带刻度

这种特殊划线规用于划刻出与曲面平行的线。

的横梁，便于更快、更准确地进行设置。一些老式划线规在横梁的另一端有一个开口，可以插入铅笔；还有一些老式的划线规则配有用于划刻曲面部件的特殊表面。

绘制圆、圆弧和其他曲线的工具

　　一支优质的圆规具有可拆卸的锻钢支脚和用于精细调节的滚轮。如果用钢支脚代替铅笔，这种多功能的工具还可以兼作大型的两脚规。

　　我使用椭圆规来绘制桌面所需的大圆和椭圆。这种经典的工具可以画出普通圆规无法绘制的大圆。如果只需要随意画一个圆，自制的椭圆规足够了。只需在一根横木的两端各钻一个孔，一个孔中钉入一根钉子，另一个孔中插入一根铅笔。

　　最好使用易弯曲的薄木条来绘制自由曲线。只需沿着几个预定点弯曲木条，然后用铅笔沿木条画出曲线即可。

　　锥子是在钻孔或定位车削部件的中心之前，标记中心的实用工具。锥尖会产生一个压痕，可以防止钻头钻孔时偏离中心。锥子是非常简单的工具，买一个便宜的就足够了。当锥尖钝化时，可以用扁锉锉削几下使其恢复锋利。

　　不要试图用锥子划刻标记线，因为锥尖会撕裂木纤维，导致画线宽窄不一，最终难以制作出精确匹配的部件。

椭圆规通过固定在横梁上的尖锥可以绘制大圆弧和圆。

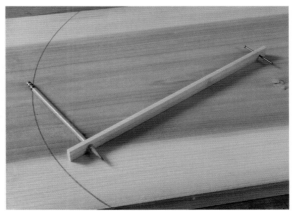

在一根横木上固定钉子和铅笔就制成了一个经济实惠的椭圆规。

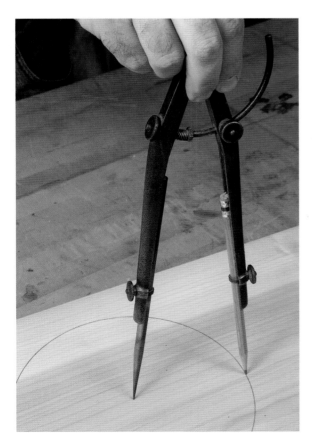

圆规用于绘制圆和圆弧。

要绘制自由曲线，可以尝试在无头钉之间弯曲薄木条作为模板。

➤ 聪明的画线过程

仔细地测量和画线是木工操作最重要的方面之一。当我在错误的位置切割了一个接头或者制作的门不便于打开时，都可以将错误追溯到画线环节。我喜欢将图纸视为"路线图"，它为我指引正确（或错误）的方向。

下面是我总结的正确画线的步骤。

- 测量两次，切割一次。这句老话仍然值得遵循。要始终仔细检查你的测量结果。
- 首先测量最长的长度。例如如果要制作抽屉柜，应先测量抽屉柜的高度，然后再标记较小的测量值，例如抽屉的位置、装饰件和支脚的尺寸。
- 转移测量值。完成初始画线后，根据测量值在与其匹配的部件上画线。这样可以确保所有部件都能匹配得上。例如在制作桌子时，将榫眼位置标记在第一条桌腿上，然后将画线延伸到与其相邻的表面。接下来，将其他桌腿与第一条桌腿固定在一起，将画线延伸到新部件上。此方法避免了为每个部件单独测量和画线时可能存在的误差。
- 用划线规画线。用手锯或凿子沿着划线规的画线操作要比沿铅笔画线操作容易得多。铅笔线还是不够细，容易造成操作偏差。而跟随划线规的画线进行操作则要容易得多。
- 保持画线工具锋利。无论是使用铅笔（适用于某些类型的布局）还是划线规，都不要使其钝化。随着铅笔线越来越粗，或者划线规开始撕裂木料时，请停止画线，重新将画线工具研磨锋利。
- 观察参考面。画线工具具有参考面，例如角尺的头部或划线规的靠山正面。为了精确画线，当你做标记或画线时，必须保持参考面与部件紧密接触。

首先在部件的一个面上画线，再将画线延伸到相邻的面上。

用木工夹将类似的部件固定在一起，并检查端面是否对齐。

延伸画线，将测量值从一个部件转移到另一个与之相似的部件上。

在用划线规画线时，应施加恒定的压力。

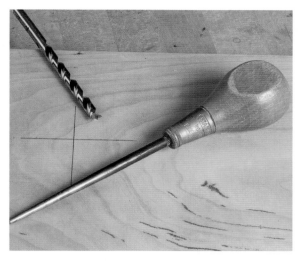

锥子可以精确定位钻孔的中心点。

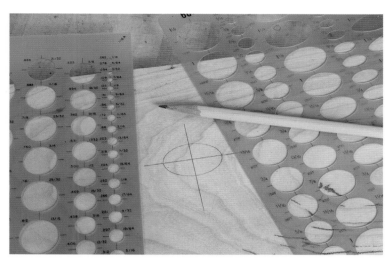

绘图模板可用于绘制常见的几何形状。

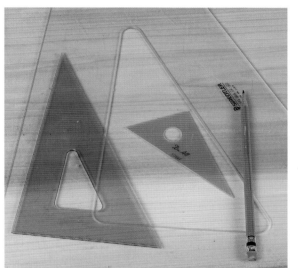

绘图三角尺既便宜又好用。

可以用曲线板轻松创建自由曲线。

绘图工具

每件精美的作品都始于精确的绘图。文具店有很多价格实惠的塑料绘图工具，可用于木工绘图和设计。常用的三角尺为 45°/45°/90° 和 30°/60°/90°，并有多种尺寸可选。还有许多绘图模板可用于绘制小尺寸的圆和椭圆。完成设计草图后，你就可以使用曲线板对线条进行平滑处理。这些曲线板有多种尺寸可选，每个人都能用它们绘制出流畅的曲线。

可以使用轮廓描摹工具轻松地从古董家具上复制现成的曲线。这个有用的小工具非常容易制

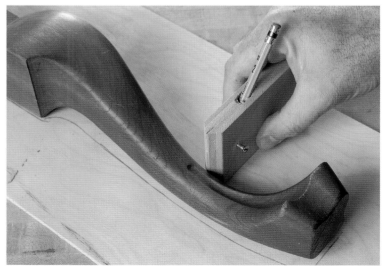

这个简单的自制轮廓描摹工具可以轻松地绘制出复合曲线。

▶ 几何结构

　　家具的设计和绘图需要使用大量几何形状。当然，正方形、矩形和圆形的绘制相对简单。许多形状是相互关联的。例如八边形是在正方形的基础上绘制出来的，而椭圆是在矩形的基础上绘制出来的。下面给出了一些家具设计和制作时最常见的形状，你一定用得到。

绘制椭圆

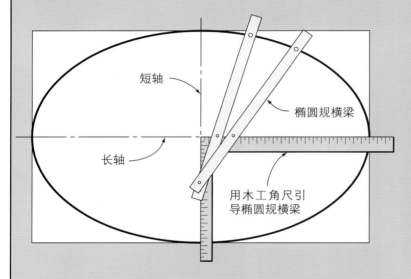

1. 画一个矩形。
2. 找到四条边的中心点，并画出长轴和短轴。
3. 如图所示，制作一根椭圆规横梁。
4. 如图所示，放置木工角尺。
5. 保持椭圆规的固定点紧靠木工角尺，引导椭圆规横梁绘制 1/4 椭圆。
6. 重新放置木工角尺，重复操作，画出剩余的 3/4 椭圆。

椭圆规横梁

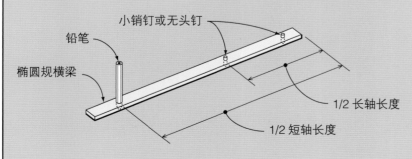

绘制八边形

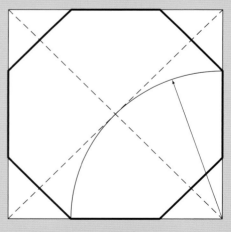

1. 画一个正方形。
2. 绘制对角线以确定中心点。
3. 使用圆规，从正方形顶点出发，绘制经过中心点的圆弧。
4. 连接圆弧与四边的交点。

椭圆规是可调节的，因此可以
绘制出各种尺寸的椭圆。

绘制 S 形曲线

对称的

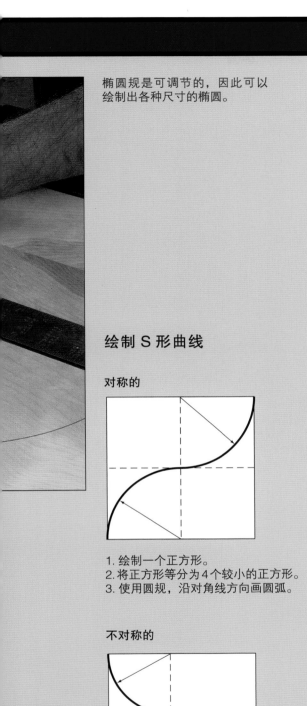

1. 绘制一个正方形。
2. 将正方形等分为 4 个较小的正方形。
3. 使用圆规，沿对角线方向画圆弧。

不对称的

1. 画一个正方形。
2. 将正方形分成 4 个不等的矩形。
3. 沿矩形对角线绘制曲线。

轮廓描摹工具

为铅笔钻取
角度孔。

用螺丝将铅笔
固定到位。

铅笔尖应与木块前沿
的下转角尖端对齐。

作。用工具的钝头跟随实体部件的曲线移动，工具中的铅笔就可以复制出部件的轮廓。

经过精心的设计后，可以使用数据板和图样为下一次绘图保存数据。数据板是一件作品所有水平或垂直尺寸的完整记录。一旦制作完成，数据板能够避免计算和绘图错误。它对于复制多件作品特别有用，并且可以有效地应用于从小型木旋部件到大型箱体的所有作品。用薄胶合板制作的图样可以使复制曲线的操作变得很容易，并且胶合板边缘不会像纸样那样容易损坏。我喜欢在图样上直接标注尺寸、结构说明和其他数据，这样我就可以随时获取这些重要信息并保存其永久记录。

使用精密的直尺来检查工具和机器表面是非常有必要的。使用边缘经过精细处理的直尺，便宜的直尺其边缘往往很粗糙。

每当用手工刨刨平宽板时，使用一对曲面量尺会很有帮助。在木板的两端分别放置一根量尺，可以轻松发现木板上的扭曲。

数据板包含了一件作品的所有水平或垂直尺寸的完整测量值。

图样保存了有价值的设计信息，非常方便复制部件。

在制作曲面量尺时，可以多制作几对并将其一端削尖，用作内对角测量器。内对角测量器的工作原理是：对于任何方正的箱体，其对角线的测量值应相等。将内对角测量器的尖端对准一组对角，并将两根量尺的重叠部分拧紧固定，然后在不松开的情况下，测量另一条对角线。也可以使用弹簧夹将两根量尺固定在一起，如果两个对角线的测量值存在差异，则说明箱体不方正，且差值为实际偏差的 2 倍。

在绘图和检查设置精度时，精良制作的直尺必不可少。

用颜色对比鲜明的木料制作曲面量尺。

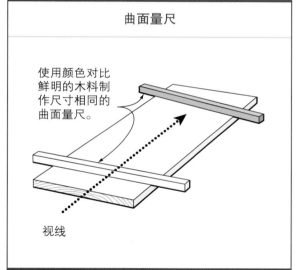

曲面量尺

使用颜色对比鲜明的木料制作尺寸相同的曲面量尺。

视线

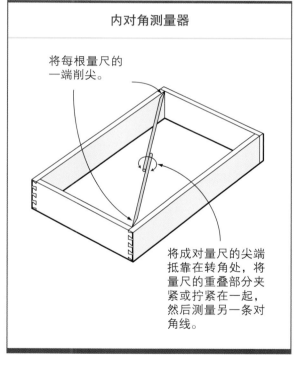

内对角测量器

将每根量尺的一端削尖。

将成对量尺的尖端抵靠在转角处，将量尺的重叠部分夹紧或拧紧在一起，然后测量另一条对角线。

第6章
手锯和凿子

尽管电动工具的使用频率激增，但手锯仍然发挥着重要作用。原因之一就是，像台锯这样的电锯需要耗费时间进行设置。设置电锯所需要的时间与切割的复杂程度成正比。因此，很多时候使用手锯进行锯切会更有效率。此外，手锯可以完成电锯无法完成的切割操作。例如在没有电锯或电木铣等电动工具时，可以使用由燕尾榫锯和凿子制造出的精细的燕尾榫。

凿子也是木工操作中最重要的工具之一，常用于凿切和组装接合件，削平部件表面，为锁、铰链和其他五金件切割凹槽以及雕刻装饰件。手锯和凿子就像一套强力组合拳，可以为各种家具制作常用的接合件。

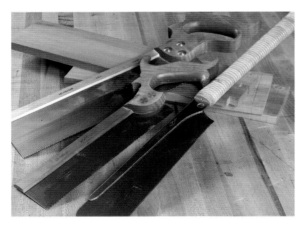

对于用电锯锯切过于麻烦的部件，可以使用手锯锯切。

一套优质的凿子是所有木匠的必备工具。

手锯类型

手锯利用一排锯齿进行锯切。在每个锯切冲程中，每个锯齿就像微型凿一样去除细小的刨花。随着锯缝的加深，木料会摩擦锯片的侧面并造成锯片卡顿。为了防止出现卡顿，需要对锯齿进行偏置处理。也就是说，每个锯齿都要向一侧略微弯曲。锯齿交替向相反的方向弯曲，可以保证锯片锯切出笔直的锯缝。当然，由此产生的锯缝宽度会比锯片的主体厚度尺寸大。同时，锯齿不宜偏置过多，否则会导致锯片侧滑，难以锯切直线。为了进一步降低卡顿的风险，从锯齿到锯背逐渐变薄的优质平板锯是不错的选择。

仔细检查锯齿就发现，它们的形状是专门为纵切或横切设计的。纵切锯具有大而方正的锯齿，可以顺纹理进行有力的切割。为了干净地切断坚韧的木纤维，横切齿被研磨出一个斜面，以形成类似刀刃的刃口。横切锯的锯齿也比纵切锯的锯齿更为细小，也就是每英寸含有更多的锯齿。这

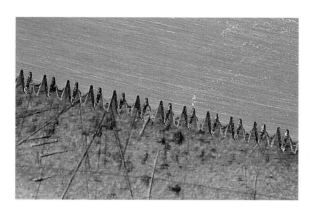

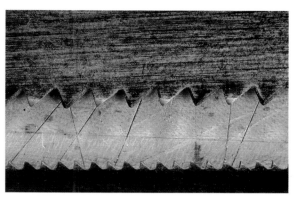

手锯利用成排的锯齿进行切割。仔细检查就会发现，纵切锯和横切锯的锯齿存在明显的差别。

样可以使更多的锯齿与木料接触，从而顺畅地横向于纹理进行切割。

当手锯推过木料时，薄钢锯片的自然趋势是弯曲和变形。在设计上采取一些措施，可以防止锯片弯曲变形。平板锯的锯片较厚，有助于克服该问题，但是厚锯片形成的锯缝较宽，不适合锯切精细的接合件。夹背锯具有经过加固的钢制或黄铜锯背，有助于在锯切过程中保持锯片的刚性。大而重的夹背锯是专门为斜切辅锯箱设计的，而较小、较轻的夹背锯则是锯切榫头的理想选择。像夹背锯一样，燕尾榫锯的锯背也经过了加固。不过，燕尾榫锯仍然不算厚，经过偏置处理的锯齿足够细小，仍可用于制作精细且接缝很小的燕尾榫接头。

近年来，日式手锯迅速成为许多木匠的最爱。与西式手锯在前推时完成锯切不同，日式手锯是在拉动时完成锯切的。这种设计会使锯

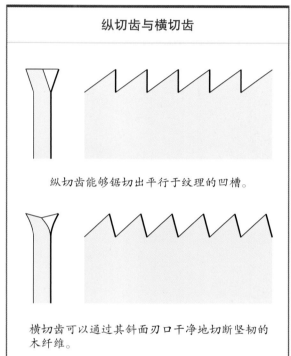

纵切齿与横切齿

纵切齿能够锯切出平行于纹理的凹槽。

横切齿可以通过其斜面刃口干净地切断坚韧的木纤维。

平板锯的锯缝较宽，因此不适合锯切接合件。

燕尾榫锯本质上是按比例缩小的夹背锯，其锯齿非常细小。

这款燕尾榫锯每英寸的锯齿数（tpi）为15，锯齿经过了轻微的偏置，非常适合锯切精密接合件。

夹背锯具有细小的锯齿和刚性的锯背，可以锯切接合件。

日式手锯在拉动冲程中完成锯切，且能够锯切出非常细窄的锯缝。

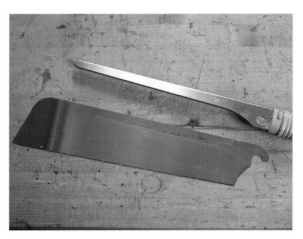

这种日式锯配有可更换的锯片。

片在每次锯切行程中自然地处于紧绷状态，从而显著降低锯片弯曲和变形的趋势。因此，日式手锯的钢片比西式手锯更薄，形成的锯缝更为细窄，非常适合锯切燕尾榫和其他接合件。为了避免研磨复杂的锯齿，许多日式锯都配有可更换的锯片。

弓锯的锯片薄而窄，用于锯切镂空件上转折急剧的密集曲线。为了防止锯片变形，通过弓锯的框架来保持一次性锯片的张力。更换锯片时，应使锯齿的方向朝向手柄，以使锯片在锯切过程中保持张力。

平切锯的锯齿只向一个方向偏置。这种独特的设计可以用来将榫头、销钉和其他接合件修剪平齐，同时不会刮伤相邻的表面。

弓锯的开放式框架和细窄的锯片设计可用于锯切镂空件。

平切锯的锯齿只向一侧偏置，可以避免刮伤木料表面。

凿子的类型

　　凿子有很多类型。木工操作中最常见的是钳工凿，它具有薄而锥度变化的凿身，凿身两侧具有斜面，这样便于在狭窄尖锐的转角处使用凿子，例如燕尾榫。

　　短钳工凿最适合进行凿切，也就是用木槌重击，以切断木纤维的过程。这种凿子长度较短，通常为 9~10 in（228.6~254.0 mm），将凿身垂直于部件表面放置，并用木槌敲打时，可以获得较好的控制效果。为了防止短钳工凿的刃口在受到木槌敲击时破裂，用于凿切的短钳工凿应研磨出 30° 左右的刃口斜面。

　　削凿是短钳工凿的加长版本，长度通常为 12 in（304.8 mm）或更长。较长的长度提供了切削所需的杠杆作用，并可以伸到短钳工凿无法进入的区域。削凿的刃口斜面角度较小，通常为 25°，有时可以低至 20°。小角度的刃口斜面使削凿具有锋利的刃口，可以形成薄而精细的刨花。但削凿不宜用木槌敲击，否则很容易损坏脆弱的刃口。

套柄凿可以满足各种操作。

这些套柄凿长度很短，使其非常适合在燕尾头之间进行凿切。

凿子类型

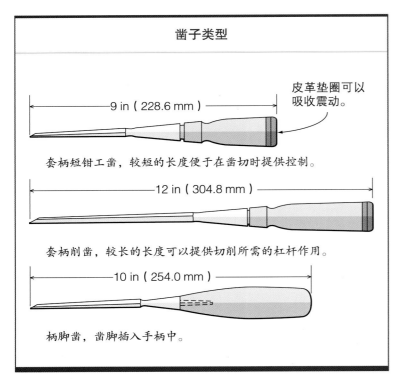

皮革垫圈可以吸收震动。

9 in（228.6 mm）

套柄短钳工凿，较短的长度便于在凿切时提供控制。

12 in（304.8 mm）

套柄削凿，较长的长度可以提供切削所需的杠杆作用。

10 in（254.0 mm）

柄脚凿，凿脚插入手柄中。

老式套柄凿仍然是我的最爱。这种凿子坚固耐用，其锥形手柄可以嵌入锻造的套柄内，每次使用的同时都要拧紧套柄。如果在商店里找不到，可以购买二手的凿子。在购买钳工凿时，请考虑工具的平衡性和手感。具有大而重手柄的凿子在凿切时比较笨拙，且会给人一种头重脚轻的感觉。选择一套称手的凿子是十分必要的，这样操作会更高效，结果也更好。

榫眼凿具有厚而窄的凿身，非常适合用来凿切榫眼。较重的矩形凿身在受到木槌猛击时也不会扭曲。

与日式手锯一样，日式凿同样具有迥异于西式凿子的特点。日式凿的凿身实际上是用两种钢层压制成的。硬而脆的钢制刃口通过其后面的硬

短钳工凿最适合进行凿切，而较长的钳工凿可在切削时提供杠杆作用和可控性。

套柄凿是我个人的最爱。

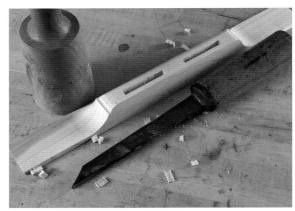

榫眼凿有较粗的手柄，因此强度较高。

日式凿具有良好的平衡性和硬钢凿身。

度较低且更具弹性的钢材提供支撑。凿身侧面呈锐角，以便将凿子伸入狭窄的区域，木制手柄通过金属箍提供保护，因此可以搭配木槌使用。此外，日式凿的背面是空心的，因此研磨背面更加容易。

斜边凿刃口成 45°，由此形成的锋利的尖端非常适合雕刻普通钳工凿无法进入的角落。购买一对全新的斜边凿当然没问题，但也可以利用钳工凿自制一对斜边凿，以节省成本。

雕刻圆口凿具有一个曲面刃口，也被称为微曲刃口，可以为你的作品雕刻和塑造各种装饰要素。印在凿柄上的数字代表刃口的弯曲程度。数字越高，表示刃口的曲率越高。优质的雕刻工具都带有高度抛光的镜面效果的涂层，以便将工具刃口研磨锋利。

最后，可以购买一些用于家庭维修的框架凿。这种工具具有坚固的塑料手柄和钢制端帽，经久耐用，可以在加工地板或其他的房屋木工部件时承受反复的敲击。最好的凿子应该用在凿切燕尾榫和其他精细部件上。

凿子的控制

对凿子的良好控制对于制作精细的接合件和其他作品细节至关重要。影响凿子控制的因素主要有两个：刃口的锋利程度和正确的握持方式。凿子的正面和背面相交形成了刃口。需要注意的是，大多数新凿子的背面都有严重的磨痕，必须先将其抛光。根据操作的类型，握持凿子的方法也有多种。但是，为了获得最佳控制效果，大多数时候需要将一只手放在部件上。此外，应始终将部件牢牢固定在台钳中或木工桌的台面上。试图一只手握住部件，另一只手进行凿切，只会带来糟糕的结果。

在切削时，应选择介于反握和正握之间的握法。在切削燕尾榫或普通榫头的榫肩时，反握更便于控制凿子，并形成薄而精细的刨花。抓住凿身，并用拇指和食指捏住凿子，同时将食指抵靠在部件上来稳定工具。

斜边凿可以凿切部件的转角。

圆口凿可用于雕刻。

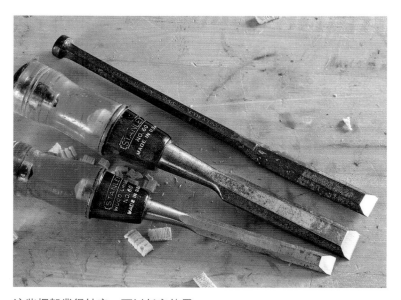

这些框架凿很结实，可以任意使用。

在粗加工时，正握可以提供力量和有力的控制。当你握住凿柄时，应将手掌根部抵靠在部件上，以提供良好的控制力和所需的杠杆作用。在使用长凿子时，随着刃口被推入木料中，要使用拳头控制工具。这样可以产生一种倾斜效果，从而以较小的阻力凿切出干净的切口。

凿切需要使凿子垂直于木料操作面向下切断木纤维。凿切时，应先用划线刀或划线规标记出加工区域的轮廓。凿子的刃口很容易滑入划线刀形成的刻痕中，从而获得高精度的凿切结果。相比之下，铅笔线较粗，且没有刻痕可以引导凿子进行精确凿切。

如果需要去除的木材较少，如右下图所示的锁槽，仅用手就可以提供足够的动力，不需要使用木槌。为了获得最佳控制效果，需用拇指和食

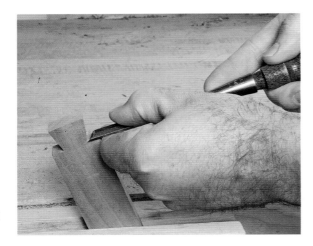

切削榫肩时，将食指抵靠在部件上。

在顺纹理凿切时，应将手掌根部抵靠在部件上。

相比铅笔线，沿刻划线进行凿切更简易、更精确。

新凿子在正式使用前必须首先抛光背面。

始终将手靠在部件上以稳定切割。

横向于端面纹理的轻量凿切无须使用木槌。

将凿子刃口研磨锋利后，可以将其轻松插入燕尾头之间的狭窄空间进行修整。

指捏住凿身，并将手靠在木料上提供支撑。

　　如果需要更大的力量，例如在切割燕尾榫清除废木料时，需要用木槌猛击凿子。如果需要切透木料，最好从两侧分别凿入一半的深度。这样不仅可以确保凿切的精确性，而且可以防止木料表面发生撕裂。我单独准备了一套凿子，专门用于凿切细窄的边角，例如燕尾榫的尖角区域。这些工具的刃口早已研磨锋利，随时可用。

练习凿切燕尾榫

　　没有比使用手锯和凿子制作燕尾榫更能提升技术的方式了。燕尾榫一直以来都是箱体和抽屉的首选接合方式。由于燕尾头和插接头之间的机械互锁以及足量的长纹理胶合表面，其他任何接合方式都无法与燕尾榫的强度媲美。

　　尽管有各种各样的燕尾榫夹具可以搭配电动工具操作，但制作燕尾榫的最佳方法仍然是手工切割。设置夹具既费时又费材料，而且没有任何

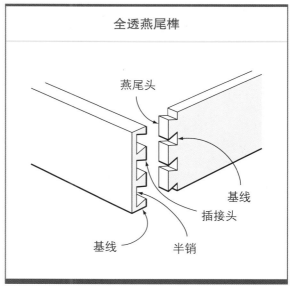

全透燕尾榫

燕尾头

基线

插接头

基线　　半销

夹具可以获得手工切割的燕尾榫那样的美感。

　　最重要的是，熟练的手工操作会带给你个人满足感。虽然看起来很难，但切割燕尾榫本质上只是直线锯切和凿切的过程。最佳的燕尾榫画线是刻划线。与铅笔画线相比，刻划线更容易引导手锯和凿子切割。我建议你将工具研磨锋利，认真尝试一下手工制作燕尾榫。

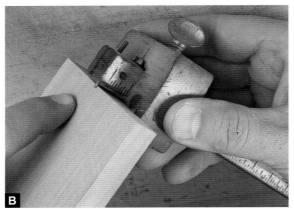

制作燕尾榫

制作全透燕尾榫

选择较软的直纹木料。尽管杨木属于硬木，但它本身质地较软，因此非常适合用来磨炼技术。将木料刨削到所需尺寸后，用台刨将木料表面刨削平滑（图A）。如果锯切出接头后再将木料刨削平滑，就会改变接头的匹配度，从而在燕尾头的基线处产生间隙。将木料刨削平滑后开始画线。根据木料的厚度值设置划线规（图B），并在每块木料的两个大面上都画出基线（图C）。同时画出尾件，而不是销件的边缘（图D）。

下一步是为销件画线。首先用铅笔标记出插接头的间距（图E）。然后用划线刀标记出插接头的轮廓（图F）。请记住，插接头的边缘是与木板的端面纹理成一定角度的。现在，将边角处的画线延伸到木板的大面（图G）。

接下来锯切插接头。将木板竖起固定在台钳中。起始锯切时，应将手锯放在与画线相邻的转角处。拉动手锯，用大拇指引导锯片（图H）。锯缝出现后，放低锯片并继续锯切至基线处（图I）。销件锯切完成后，用凿子清除废木料。将凿子刃口放在距离基线⅛ in（3.2 mm）的位置，并用木槌猛击凿子使其切入木料中（图J）。不要试图一凿到底，应从木板的两面分别凿切一半的厚度。注意凿子是如何通过楔入作用挤压木料的。如果一开始就尝试沿基线进行凿切，那么很可能最终的凿切位置会越过基线，对接头造成损坏。在大部分废木料被清除后，就可以准确地沿

基线凿切了。将凿子的刃口放在基线中，并注意它是如何切入划线规刻划的切口中的。在进行凿切时，将凿子向木板方向倾斜，使接头的底部少凿切 2° 或 3° 的木料。这样可以确保接合件紧密匹配，同时不会破坏接头的完整性（图 K）。凿切至一半厚度时，将木板翻面继续凿切（图 L）。

接下来，以销件为模板，为燕尾头画线。将销件竖起放在尾件上，确保插接头较窄的一侧朝外。现在，用划线刀沿插接头标记出燕尾头的轮廓（图 M）。之后，将燕尾头的画线从侧面延伸到木板的端面，然后就可以锯切了（图 N）。

为保持角度一致，应先锯切向一侧倾斜的轮廓线，再锯切向相反方向倾斜的轮廓线（图 O）。接下来，锯切与燕尾头相邻的每个转角区域（图 P）。将手锯放在略高于基线的位置锯切，然后用凿子凿切至基线处（图 Q）。现在，沿燕尾头之间的基线凿切（图 R）。为了测试接头是否匹配，轻轻地将燕尾头压入插接头之间的间隔处，并注意接合过紧的区域（图 S）。如有必要，对切削插接头进行修整，直到接头完全匹配（图 T）。

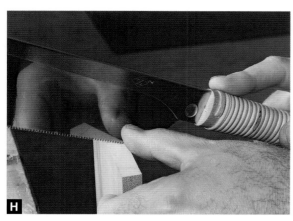

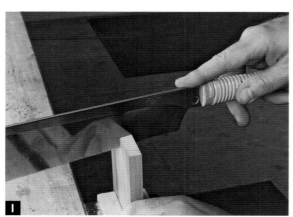

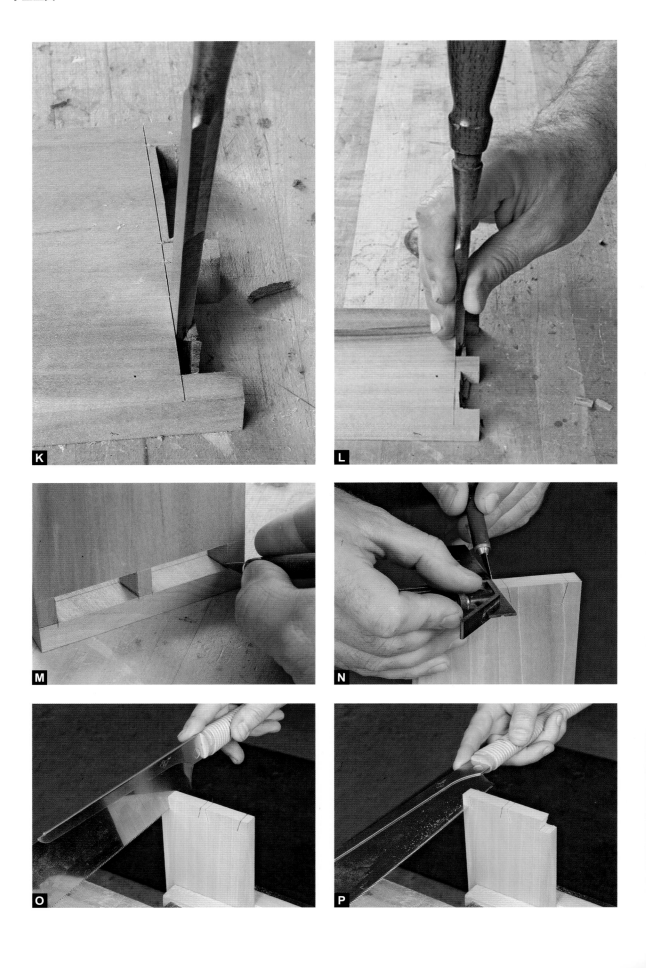

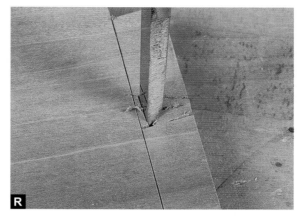

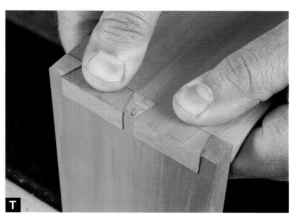

半透燕尾榫

半透燕尾榫只在接合件的一侧可见（图 A）。由于接头的另一半被隐藏起来，所以销件上插接头之间的间隔变成了一排需要凿切方正且均匀分布的"插槽"。这是很好的提高凿子使用技术的练习。

首先在销件（图 B）和尾件（图 C）上画出基线。使用两脚规在销件上确定插接头的位置和间距（图 D）。使用斜角规或燕尾榫规在木板端面画出插接头的角度（图 E），并将画线延伸到木板的大面（图 F）。在制作箱体时，可以将配对部件夹紧在一起同时画线以节省时间（图 G）。

去除插接头之间的废木料。可以用电木铣迅速去除废木料，并用凿子将插口修整方正。设置电木铣的铣削深度至基线处（图 H），铣削去除插接头之间的废木料（图 I）。接下来用凿子沿画线凿切插接头和插口。将凿子置于基线的画线中，沿基线凿切插口底部（图 J）。当你用木槌

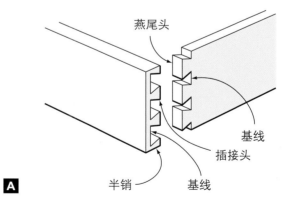

图中文字：燕尾头、基线、插接头、半销、基线

A

B

敲击凿子时，将手柄稍稍向身体方向倾斜，以略微减少对插口底部的凿切。现在，将插接头的侧面切削至基线处（图K），并用¼ in（6.4 mm）的凿子将狭窄的内角区域清理干净。操作完成后，插接头应该是轮廓整齐而挺拔的（图L）。

接下来，画线并切割燕尾头。以销件作为模板，将其端面放在尾件一端并固定到位（图M）。用划线刀紧贴插接头的轮廓仔细刻划（图N）。之后将大面末端的标记线延伸到木板的端面，完成画线（图O）。

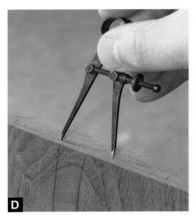

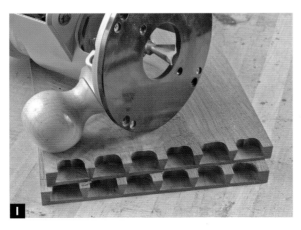

现在锯切燕尾头。将尾件固定在台钳中，并尽量使画线靠近钳口，以减少震动。首先锯切向一侧倾斜的所有轮廓线，然后调整手锯，锯切向相反方向倾斜的第二组轮廓线（图 P）。在锯切过程中，保持双脚以较大的间距分开，以维持姿势稳定，并使用长程动作平稳切割（图 Q）。切透废木料的中央可以使第三组在燕尾头之间凿切废木料的操作变得更加容易（图 R）。最后，锯切掉所有边缘的废木料（图 S）。

接下来，沿燕尾头之间的基线凿切。从转角处开始，小心地向下切削，一直切削到刻划线处（图 T）。避免底切该区域，否则组装后的接合区域会出现间隙。应使基线面与尾件的大面垂直（图 U）。用窄凿沿燕尾头间的基线凿切（图 V）。凿切至木板的一半厚度时，将木板翻面，从另一面继续沿基线凿切（图 W）。为了避免损坏燕尾头，最好将凿子的侧面进行倒角处理。

组装燕尾榫。如果锯缝紧贴画线，可以用木槌轻轻敲打几下闭合接头（图 X）。如果接合过紧，不要强行用力，以免导致其中一块木板碎裂。应仔细检查每个插接头，并以切削的方式修整接合过紧的区域，直到接头完全匹配（图 Y）。

➤ **参阅第 80 页 "凿子类型"。**

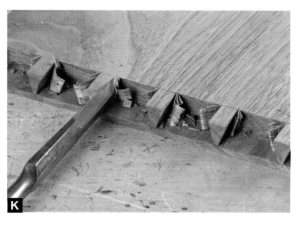

K

L

N

M

O

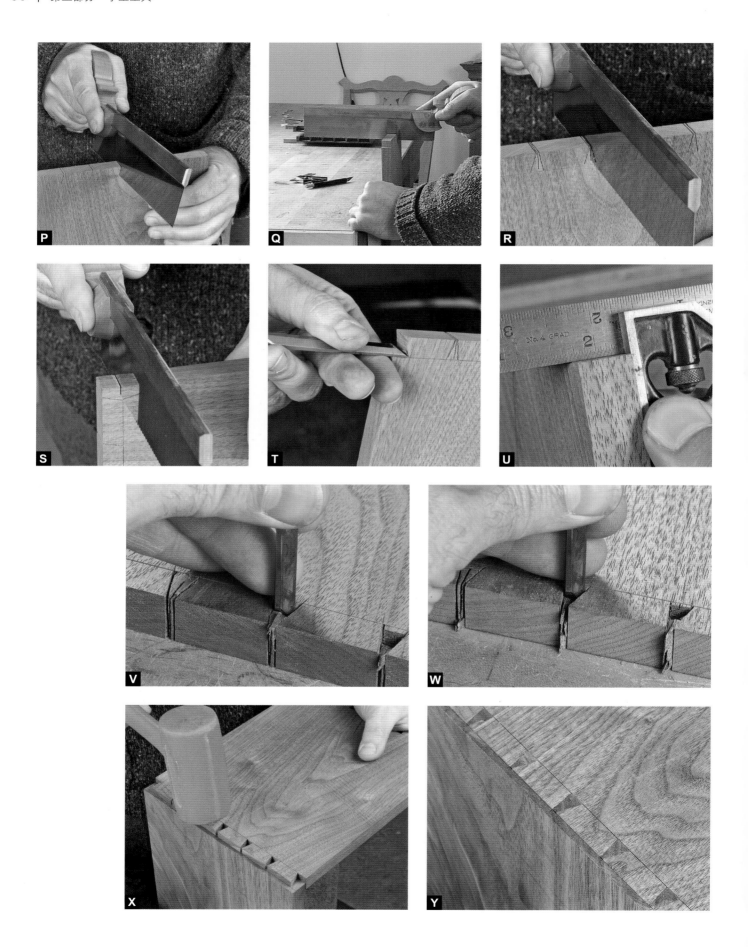

支撑腿 – 横撑燕尾榫

　　制作单个的大型燕尾榫将支撑腿连接到横撑上，是提升锯切和凿切技术的好机会（图 A）。与之前不同的是，在这里我会首先锯切燕尾头。关于先切割尾件还是销件的争论没有任何意义。两种方法都没问题。我建议你两种方法都尝试一下，从中找到最适合自己的方法。

　　将木料加工到所需尺寸后，先用划线规在横撑（图 B）和支撑腿的端部（图 C）画出基线。接下来，在横撑的侧面为燕尾头画线（图 D），然后锯切燕尾头。先锯切边角，这样可以减少锯切的阻力，从而更容易锯切出精确的锯缝。用大拇指引导锯片并拉动手锯锯切出切口（图 E）。现在放低手锯沿画线锯切（图 F）。之后，使用锋利的凿子小心地切削至基线处（图 G）。用大拇指和食指捏住凿身，轻轻地、有控制地进行切削。将食指抵靠在木料上可以稳定凿子。

　　接下来，在支撑腿的端部为插口画线。将支撑腿固定在台钳中，然后用木工夹将横撑在支撑腿上固定到位。使用直尺检查两个部件是否对齐（图 H）。现在，用划线刀沿燕尾头的轮廓画线（图 I）。

　　接下来，依次完成插口的锯切和切削修整。注意，插口是止位的，不能锯透木料。此外，由于切口邻近边角，所以将支撑腿以一定角度固定在台钳中更容易锯切（图 J）。锯切完成后，用木工夹将支撑腿固定到木工桌台面上，用凿子凿切锯缝之间的区域（图 K）。最后，将插口的转角区域修整方正（图 L），并将燕尾榫滑入到位（图 M）。组装后的接头整齐且牢固（图 N）。

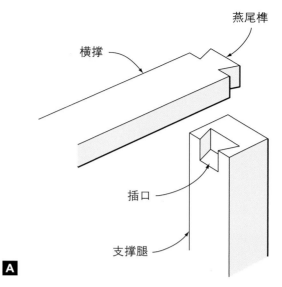

A

横撑

燕尾榫

插口

支撑腿

B

C

D

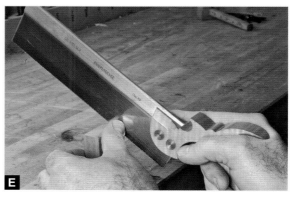

E

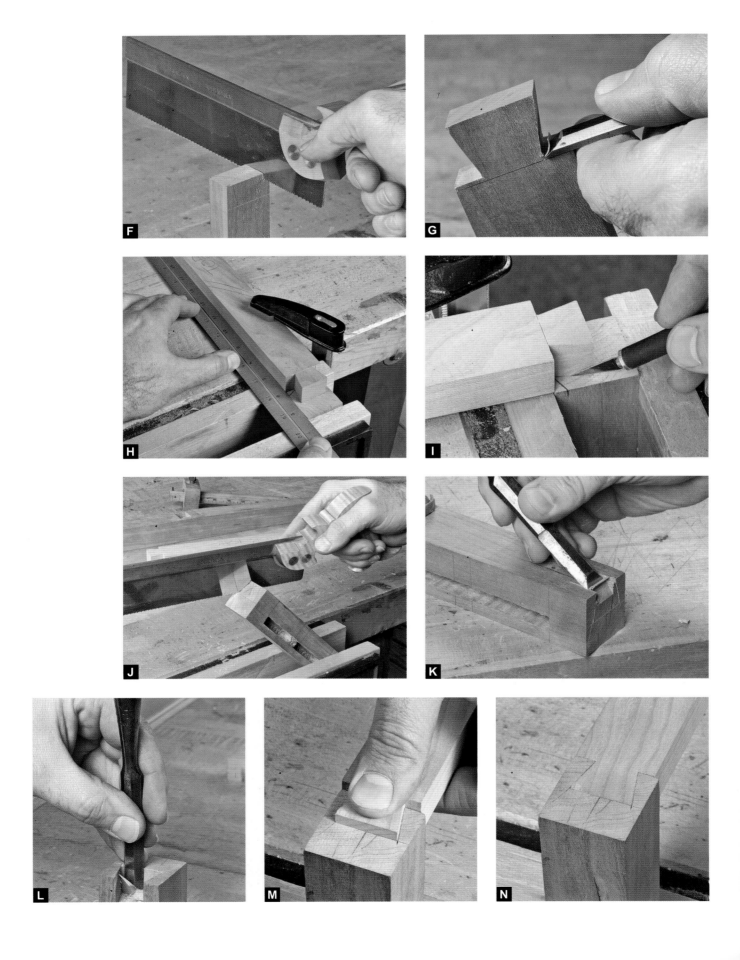

制作榫卯接合件

榫卯接合

像燕尾榫一样，榫卯结构在木工领域同样有着悠久的历史。相比圆木榫、饼干榫等现代接合方式，榫卯结构仍然是强度和耐用方面的最佳选择。尽管可以使用机器轻松、高效地切割榫卯接合件，但手工制作无疑能进一步提高你的手工操作技能。通常，手工切割接合件比浪费时间设置机器更高效。当接头很复杂时尤其如此，例如制作椅子上的复合角接头。与往常一样，准确的画线是成功的关键。

首先，根据榫头长度设置划线规，画出榫肩线（图 A）。接下来，标记榫眼的位置（图 B）。画线的最后一步是沿木料边缘画出榫眼的宽度线（图 C）和榫头的厚度线（图 D）。为了确保配对部件紧密接合，请使用相同的设置画线。划线规可以留下清晰的切口，而榫规的锥尖更容易撕裂木纤维，留下不精确的刻线。精确设置划线规，使榫眼宽度与榫眼凿的厚度相同（图 E）。

> **[小贴士]**
>
> 对所有的榫卯接合件来说，都应先切割榫眼，再锯切与榫眼匹配的榫头。比起增大榫眼，修整榫头以匹配榫眼相对更容易，更能保证精确。

凿切榫眼之前，在凿子上粘贴一小条胶带以指示凿切深度（图 F）。从距离榫眼一端约 ¼ in（6.4 mm）处开始凿切，逐步向另一端推进。保持凿子垂直于操作面，刃口斜面朝内，用木槌猛烈敲击凿子（图 G）。下压凿子，以其斜面作为支点，通过杠杆作用撬起木屑（图 H），如此向着榫眼的另一端推进（图 I）。清除大部分废木料后，以凿子的背面贴靠榫眼末端，将其凿切方正（图 J）。

凿切完榫眼后，锯切榫头。榫头较宽，为了锯切精确，最好沿两个边角分别锯切，使两条锯缝在中间汇合。用台钳将部件以一定角度固定，从边角开始锯切（图 K）。稍后，调整部件，使

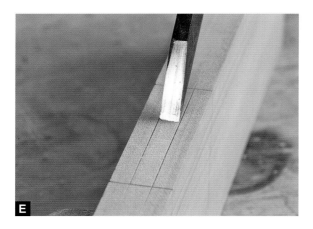

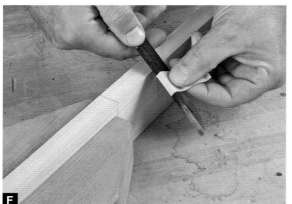

其向相反的方向倾斜一定角度，锯切另一侧的边角，直到两条锯缝汇合（图 L）。现在，将部件竖直夹在台钳中进行第三次锯切，使其与前两个锯缝融合在一起（图 M）。第三次锯切时，应在距离榫肩线 1/32 in（0.8 mm）处停下。要完成最后的凿切，你还需要一个木工桌挡头木。

➤ 参阅第 33 页"木工桌配件"。

将部件抵靠在木工桌挡头木的挡块处，然后在距离榫肩 1/16 in（1.6 mm）处锯切。一直锯切至榫头的颊面（图 N）。

接下来，使用宽凿凿切出榫肩。横向于榫头的宽度方向切凿，通过将刃口滑入刻划线中来引导每次凿切（图 O）。最后用榫接刨或榫肩刨将锯痕刨削干净（图 P）。测试榫头是否与榫眼匹配，同时接合不能过紧（图 Q），以只靠手部用力可以完成组装为宜（图 R）。

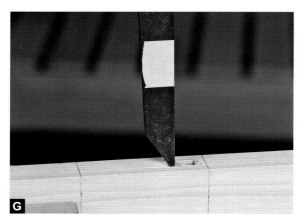

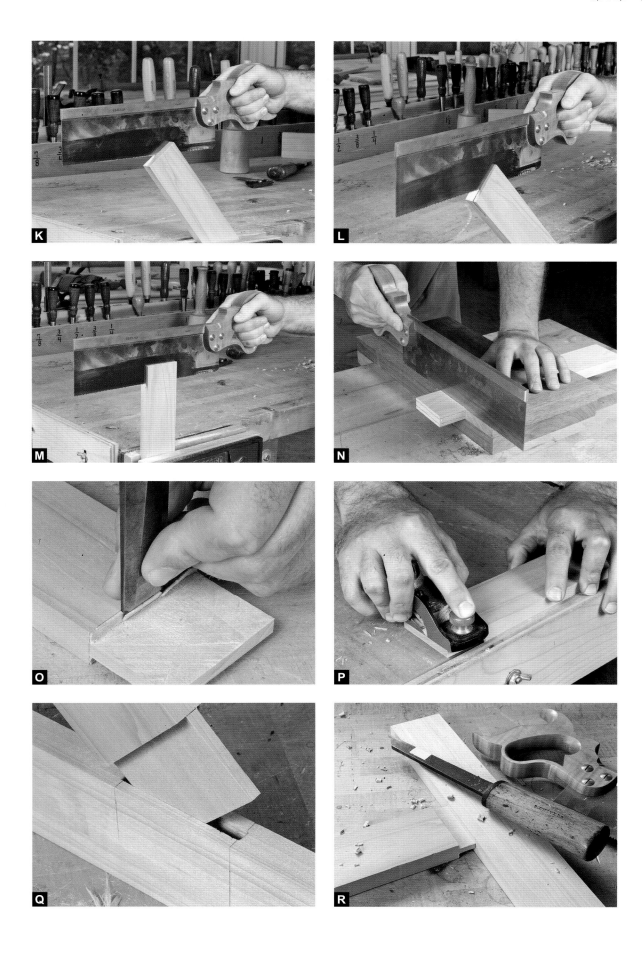

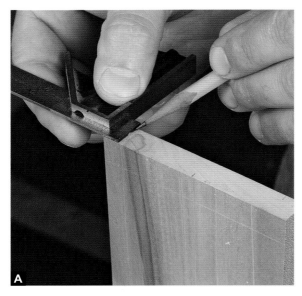

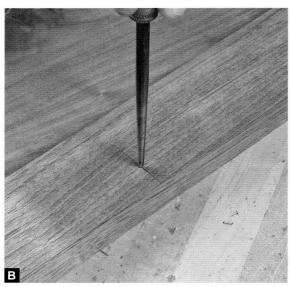

其他凿切

凿切锁槽

　　为家具安装锁具的做法由来已久，始于人们将重要的文件、珠宝和香料存放在抽屉内以及精美的橱柜中的需求。虽然现在大多数时候锁放香料已无必要，但锁具仍能为精美的家具平添些许优雅。制作锁槽是学习使用凿子的好练习。

　　首先测量锁眼的位置（图 A）。用锥子标记其中点，以防止钻头钻孔时偏离（图 B）。现在钻一排孔（两个或三个），以形成细长的锁孔（图 C）。将锁具放在钥匙孔上方，沿其轮廓画出榫眼（图 D）。选用一把宽凿凿切锁槽。保持宽凿垂直于加工面，使刃口垂直于纹理凿切，切出一系列的切口（图 E）。这些切口已将纹理切断，会使后续切削除去废木料的操作完成起来更容易、更高效。去除废木料，然后重复该过程，直到锁具能够完全嵌入锁槽中。

　　接下来，继续为锁具背板凿切一个较浅的凹槽。将锁具放在锁槽中，并将锁眼与钻取的锁孔对齐。然后用划线刀沿背板边缘勾勒出其轮廓（图 F）。现在，沿轮廓线凿切到背板的深度处（图 G）。检查背板与凹槽的匹配度，如有必要，可以继续切削一两次，直到背板表面与木料表面平齐，然后将锁具安装到锁槽中（图 H）。

　　该过程的最后一步是在柜子上为锁舌凿切一个插槽。首先开锁使锁舌完全伸出，关上柜门，在对应部件正面标记锁舌的位置（图 I）。现在，将画线延伸到部件内侧。沿插槽的宽度线钻一排浅孔，然后用凿子将插槽凿切方正。⅛ in（3.2 mm）的窄凿可以将插槽两端凿切方正（图 J）。确保锁舌可以顺畅插入插槽中（图 K）。

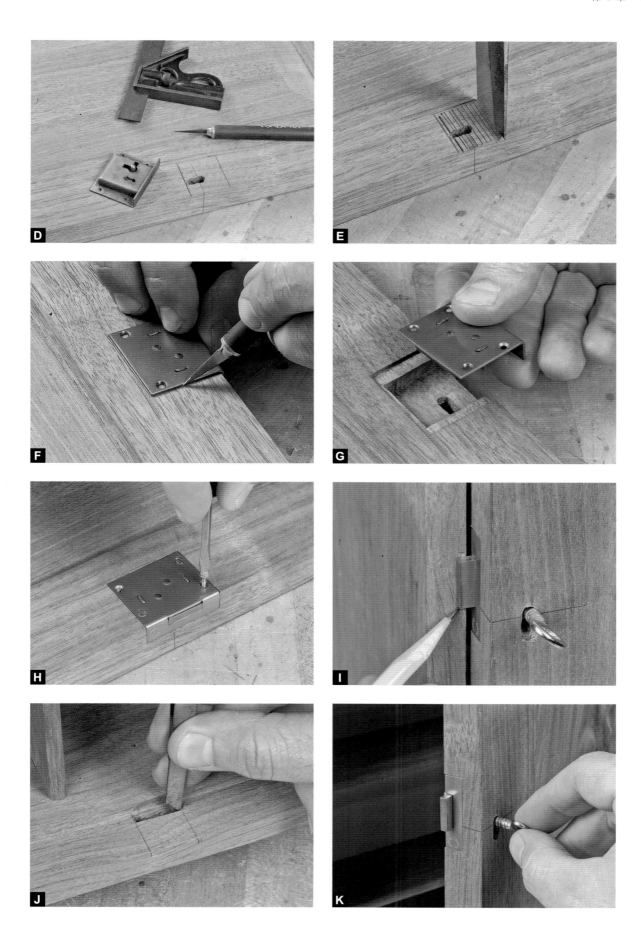

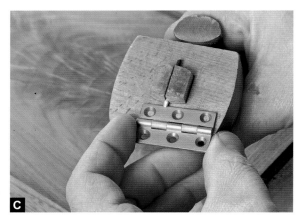

凿切铰链槽

与安装表面铰链不同，对接铰链需要插入门梃和柜身的凹槽中。为了把门安装到位，凹槽的深度必须等于铰链页片的厚度。如果凹槽太浅，则会露出大而难看的间隙；如果凹槽太深，则门可能会卡在门框上，形成关不上的"弹簧"门。

首先标记铰链末端的位置（图 A），然后以铰链为模板标记凹槽的宽度。将铰链销顶靠在门梃边缘，用划线刀勾勒轮廓（图 B）。画线的最后一步是标记凹槽深度。为了获得最高的精度，请根据铰链页片的厚度设置划线规（图 C）。现在在门梃上画出深度线（图 D），然后就可以凿切铰链槽了。

选择比榫眼稍宽的凿子。保持凿子垂直于操作面，并使刃口垂直于木料纹理方向。用木槌轻轻敲击凿子，凿切出一排浅切口（图 E）。将凿子平行于操作面放置，并横向于纹理方向切削至凹槽的深度线（图 F）。木纤维之前已被切断，很容易切削除去。接下来，将铰链嵌入凹槽中并检查凹槽深度（图 G）。如有必要，可以继续切削，直到铰链表面与凹槽周围的木料平齐。

在柜门上直接标记铰链螺丝的位置（图 H），然后为其钻孔（图 I），并用螺丝将铰链安装到柜门上（图 J）。（首先拧入钢螺丝以形成引导孔，直接拧入黄铜螺丝可能会使其断裂。）使柜门处于打开状态，并在对应的柜身部位标记铰链的位置（图 K）。使用木垫片将柜门固定到位，并使柜门周围留出均匀的空隙。重复上述流程，完成铰链和柜门的安装（图 L）。

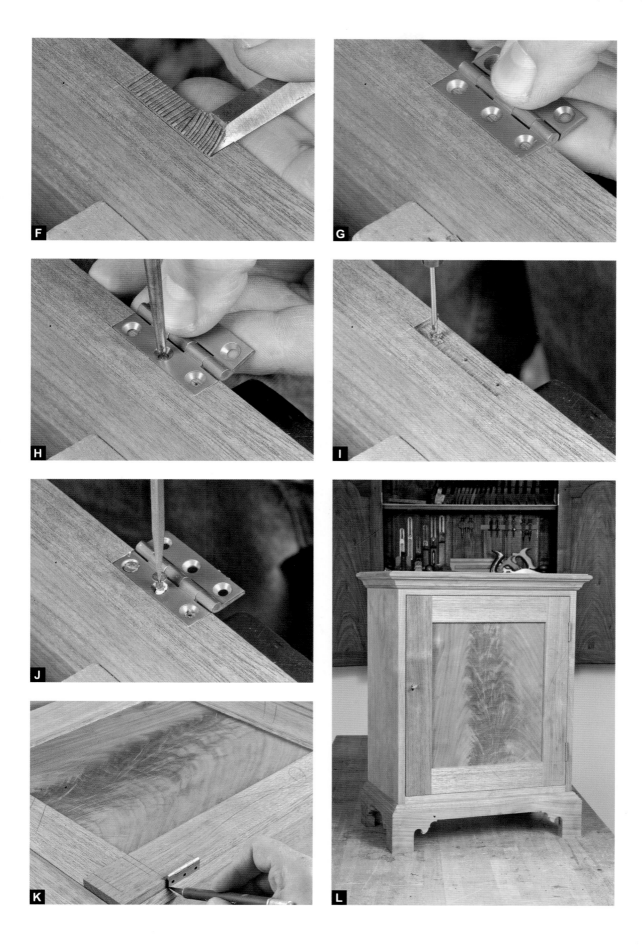

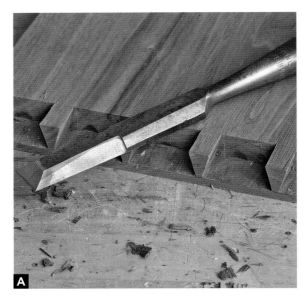

凿子调整技术

凿子用途广泛，可用于凿切除去燕尾榫插接头之间的废木料，可以在安装铰链时切削修整凹槽（图A）。尽管凿子是简单的工具，但仍然可以采取一些措施使其更有效地工作。与所有刃口工具一样，想要获得最佳控制效果，凿子的刃口必须足够锋利。此外，凿子刃口是凿子的背面和刃面交汇形成的。如果只研磨刃面，那就意味着只完成了一半的研磨任务。

大多数新木工凿子在出厂时带有严重的磨痕（图B），这些磨痕会在刃口附近形成细小的锯齿，很容易撕裂木料。另外，锈蚀点也会在刃口部位形成细小的缺口和锯齿。因此，如果购买二手凿子，请避开锈蚀过多的凿子。

准备研磨凿子。首先用粗磨石横向研磨凿子的背面，以去除磨痕或锈蚀痕迹（图C）。逐渐增加磨石的目数以抛光和整平凿子的背面。在使用最后的磨石抛光凿子背面后，凿子背面会呈现镜面般的光泽（图D）。接下来，像研磨所有刃口工具那样，研磨刃口斜面（图E）。

调整凿子的下一步是研磨凿子的侧面斜面（图F）。侧面像刀刃一样锋利的凿子可以用来凿切燕尾头之间的区域，同时不会损坏相邻的表面。研磨凿子刃口时，保持凿子轻触磨石并遵循原来的斜面角度研磨。凿子的侧面无须进一步研磨或抛光。

接下来要处理凿子的手柄。使用木槌敲击凿子时，关键是每次敲击都要落在手柄的末端。不幸的是，许多新凿子配备的是圆头手柄（图G），当敲击凿子时，木槌很容易滑开。解决方法是将手柄末端锯切一小部分（图H）。然后，使用锉刀轻轻磨平锯痕，并为边缘倒角（图I）。处理后的手柄末端类似于老式套柄凿的手柄末端（图J）。只需投入几分钟处理凿子，你就可以很快看到木工操作层面的改进（图K）。

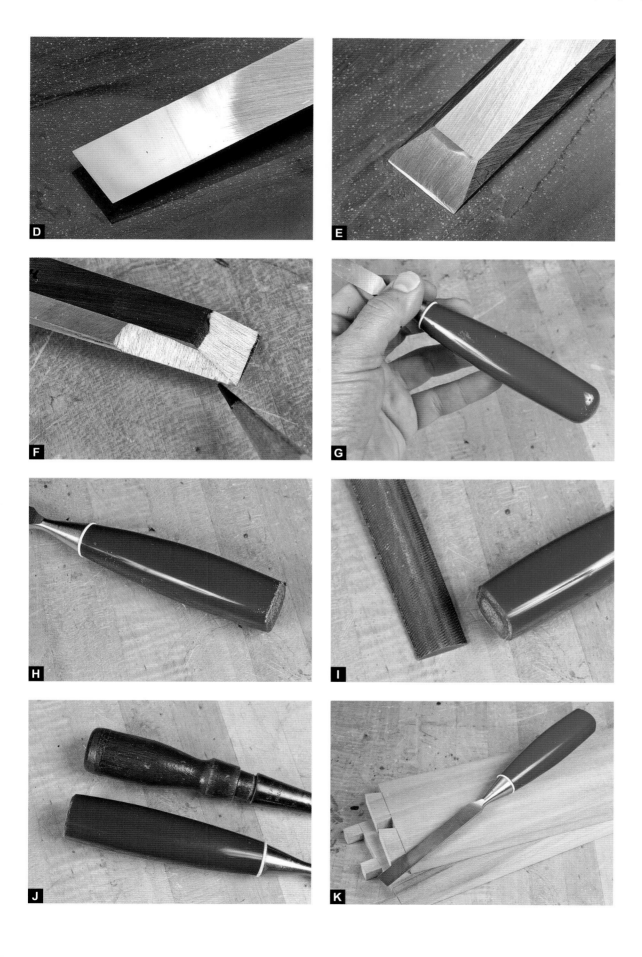

第 7 章
手工刨和刨削技术

手工刨在木工工具中是独一无二的。很少有工具像手工刨这样实用且用起来令人愉悦。其他工具无法像手工刨这样，能够从纹理复杂的硬木上刨削出长而均匀的薄刨花。在手工刨刨削木料时，它们发出的令人愉悦的嘶嘶声和留下的平滑闪亮的表面，共同营造出了最令人愉悦的木工体验。

手工刨解构

当刨刀的刃口切入木料时，它会遇到相当大的阻力。设计精巧的手工刨在经过调整和研磨后，可以有效地克服这种阻力，同时刨削出卷曲的刨花。但是当刨刀刃口切入木料并形成刨花时，刨刀存在继续切入木料表面之下的自然趋势，很容易撕裂木料。

为了防止撕裂木料，应通过刨口前部的底面部分向木料施加压力。同时，盖铁会切断并向上卷曲刨花，从而有效地消除了撕裂。手工刨的质量较差，或者因为刨刀很钝，刃口在刨削时会颤动或震动，导致手工刨被刨花阻塞或在木板上颠簸，从而影响刨削质量。有几个因素有利于成功地进行刨削。简而言之，刨削需要厚实的刨刀和锋利的刃口，且固定刨刀的刨身必须足够沉重。让我们以台刨为例仔细看看手工刨的构造。

如果加工对象是质地较软的松木，并且是顺纹理方向刨削的，那么刨削阻力会很小。但是，如果木料密度较大且纹理复杂，例如虎皮枫木，则刨削阻力会很大。当手工刨被调整到最佳性能时，刨刀将由手工刨的其他部分，比如盖铁、辙叉和刨身来支撑。各式各样的部件加上手工刨的重量，有利于吸收和分散刨削的阻力。实际上，在其他条件都相同的情况下，重型手工刨的性能要优于轻型手工刨。较小的刨口也很重要。台刨具有可调节的辙叉，能够控制刨口的大小和调整刨削深度。其他类型的手工刨，例如短刨，具有可调节的底部前端，能够达到相同的目的。

台刨的构造

盖铁（有时被称为断屑器）　辙叉　杠杆式压盖　水平调节杆　刨削深度调节旋钮

刨口　刨刀　辙叉调节螺丝　底座

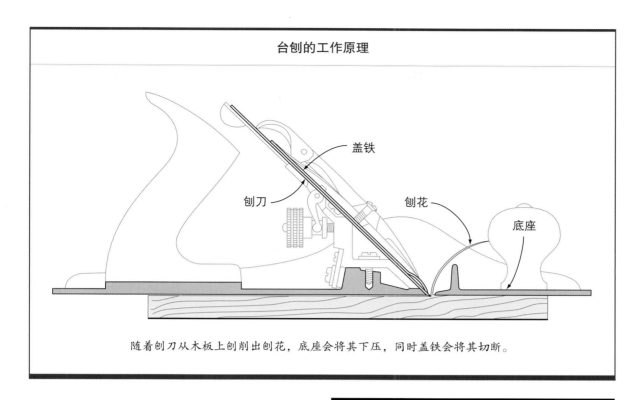

台刨的工作原理

盖铁

刨刀

刨花

底座

随着刨刀从木板上刨削出刨花，底座会将其下压，同时盖铁会将其切断。

新旧手工刨

以前，诸如史丹利、萨金特（Sargent）和俄亥俄工具（Ohio Tool）这些手工刨制造商，几乎为所有可能的用途都设计了手工刨。有的用于调整木料的尺寸，有的用于将木料表面刨削光滑，有的用于制作和修整接头，甚至还有一些可用于为曲面部件和装饰件塑形。在第二次世界大战之后，许多因素导致生产出的手工刨的质量大幅下降，种类急剧减少。幸运的是，仍有许多精美的老式手工刨幸存下来，可以在二手市场上找到。通过清洁、调整或者更换新刨刀，这些漂亮的老式手工刨仍然很好用，甚至比它们全新的时候还要好用。

现在，同样有高质量的手工刨产品。随着木工的普及，尼尔森（Lie-Nielsen）等品牌企业不断推出高性能的手工刨以满足市场需求。尼尔森手工刨在史丹利的设计基础上有了大幅改进，例如使用了更厚的铸件、刨刀和更精确的配件。此外，自史丹利手工刨问世以来，低温技术大大提高了钢制刀刃的耐用性。毫无疑问，无论是使用

➤ 纹理方向对刨削的影响

高效的刨削需要的不仅仅是刨削技术，还需要了解木料的特性。无论刨刀多么锋利，逆纹理方向进行刨削（上图）都会撕裂木纤维。顺纹理方向进行刨削则可以获得完美的结果（下图）。

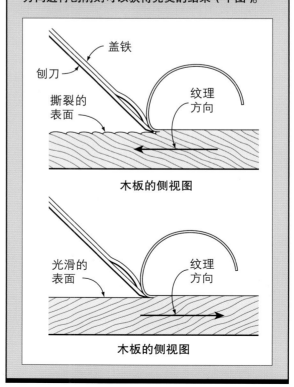

盖铁

刨刀

撕裂的表面

纹理方向

木板的侧视图

光滑的表面

纹理方向

木板的侧视图

台刨是最常用、最有用的手工刨类型之一。

长台刨最适用于刨平粗木料的大面和刨直木料边缘。

翻新的经典款还是新式的高技术型号，现在的木匠都可以获得最称手的手工刨。

手工刨类型

台刨

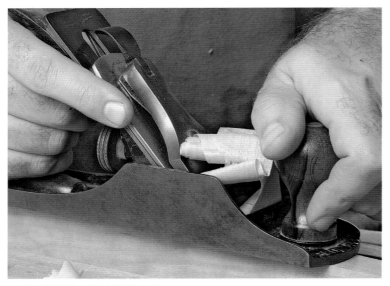

4 号刨是最受木匠欢迎的台刨。

4½ 号刨更适合将宽面板刨削平滑。

    台刨是手工刨中的主力。当我需要组装抽屉、刨平宽板或刨削除去木料表面的机器铣削痕迹时，我会使用台刨。

    台刨的型号囊括了从小型的 1 号台刨到大型的 8 号台刨的范围。1 号至 4 号刨被称为细刨，用于将较大的手工刨或由台锯、平刨和压刨加工出的粗糙表面刨削光滑。1 号刨虽然可以使用，但它过于小巧而不实用，因此更多时候是工具收藏家的藏品。4 号刨长 9 in（228.6 mm）、重 3¾ lb（1.7 kg），是最常用的细刨。4½ 号刨比 4 号刨稍长、稍宽，也更重一些，是很多木匠将桌子面板和箱体侧板等大型面板刨削平滑的首选工具。

    5 号刨至 8 号刨是较大的台刨，用于修整木料的表面和边缘。这些手工刨的底座长而平坦，可以跨过低凹区域，只刨削木板上的高点，从而形成平坦的边缘或表面。

岩基刨的型号以"60"作为前缀。左侧的手工刨是标准的 6 号刨；右边的是 606 号岩基刨。

岩基刨

　　在美国南北战争后的几年里，伦纳德·贝利（Leonard Bailey）等手工刨制造商发明并改良了金属刨，取代了当时普遍使用的木制刨。有着水平调节杆、螺丝控制的深度调节器和铁底座（与木底座不同，它不会随着环境湿度的变化而膨胀和收缩）的金属刨很快就流行起来。后来，伦纳德·贝利公司被史丹利收购了，而贝利刨一直以来基本上没有变化，如今仍然很受欢迎。

　　在 20 世纪初，史丹利开发了广受欢迎的新版贝利刨。全新的版本被称为"岩基"，其辙叉经过了大幅改进，可以为刨刀提供更有力的支撑。与早期的贝利刨相比，岩基刨的辙叉牢牢固定在刨身宽大的机械加工面上，因此得名"岩基"。沿辙叉边缘铣削的凹槽能够保持辙叉与刨口对齐。此外，岩基刨无须取下杠杆式压盖和刨刀就可以对辙叉的位置进行调整。

　　岩基刨不是使用螺丝将辙叉固定在刨身上，而是通过带浅槽的销钉与辙叉背面的螺丝啮合。史丹利仍在出售成本较低的普通贝利刨，为了便于人们区分两者，岩基刨的刨身侧面被铸造成直角边。尽管辙叉的设计有了很大的改进，但岩基刨的性能仍然受制于较薄的刨刀，这种薄刨刀是为了便于将刃口研磨锋利而设计的。还要记住，这种手工刨主要用于刨削直纹软木而不是纹理复杂的硬木。即便如此，由于岩基刨长期停产，其二手产品的售价比当初高出了许多倍。木匠寻找

比起贝利刨，岩基刨的辙叉有了大幅改进。

岩基刨辙叉上的机械加工凹槽可保持辙叉与刨口对齐。

可以投入使用的手工刨，工具收藏家则希望得到保留有原始包装的岩基刨。在清洁、修复并安装厚刨刀后（参阅第135页"修复旧台刨"），岩基刨的性能相当好，并且比普通贝利刨好得多。

随着木工的普及，对高质量手工工具的需求也在增加，一些公司正在建立新的生产线，生产画线工具、切割具和手工刨，以满足这一需求。

尼尔森是在20世纪80年代初开始生产手工刨的。基于岩基刨的设计，尼尔森生产的台刨在刨身和辙叉之间做了机械匹配设计。尼尔森还通过使用更厚的铸件、更厚的刨刀和经过低温处理的双回火钢来改进岩基刨的基本设计。此外，还可以购买有大角度辙叉的尼尔森台刨。在一把标准的台刨上，辙叉以45°角支撑刨刀。而约克仰角刨的辙叉能够以50°角支撑刨刀。与典型的贝利刨相比，较大仰角的辙叉明显改善了刨削质量，尤其是在刨削纹理复杂的硬木时。毫无疑问，尼尔森手工刨是现在木匠可以使用的最好的手工刨之一。

短刨

短刨是另一个必不可少的木工工具。由于它尺寸很小，因此可用于多种刨削任务。我有几种

岩基刨的直角侧面特征很容易辨认。

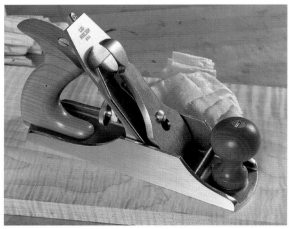

这款尼尔森细刨是岩基刨的改进版本。

约克仰角刨非常适合刨削纹理复杂的木料。

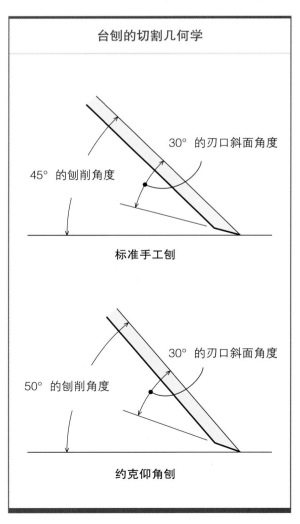

台刨的切割几何学

30°的刃口斜面角度

45°的刨削角度

标准手工刨

30°的刃口斜面角度

50°的刨削角度

约克仰角刨

类型的短刨，并且经常使用它们完成诸如修整刚用带锯锯切出的饰面薄板、修整门和抽屉部件等操作。

在某些方面，可以将短刨视为按比例缩小的台刨，因为两者都用于将木料刨削光滑，并且通常都具有 45° 的刨削角度。

但两者之间也存在着明显的差异，影响它们的用途。如前所述，可以使用大角度的台刨来刨平纹理复杂的木料，而小角度的短刨则可用于修整端面。此外，短刨没有可调节的辙叉，但是设计较好的短刨在其底部前端有一个可调节的刨口，具有与辙叉相同的作用。可以通过调节杆或旋钮将压力施加到压盖上。一些老式史丹利短刨具有一个不寻常的"指关节"杠杆式压盖。短刨和台刨还存在着其他差异。短刨通常没有盖铁，并且刨刀本身的刃口斜面是朝上的。这种设计使短刨更易于操纵，从而可以完成多种刨削任务，但是大多数短刨刨削纹理复杂的木料的效果明显

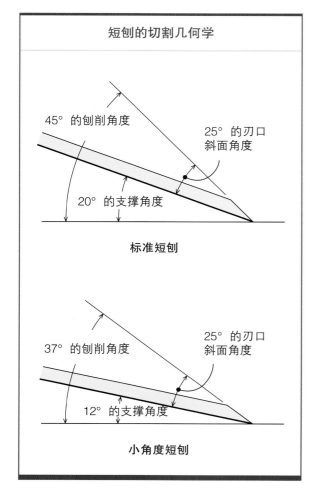

短刨的切割几何学

45° 的刨削角度

25° 的刃口斜面角度

20° 的支撑角度

标准短刨

37° 的刨削角度

25° 的刃口斜面角度

12° 的支撑角度

小角度短刨

短刨足够小，可以单手操作。

质量较好的短刨的刨口是可调节的，操作者可因此获得更好的控制和刨削效果。

这种小号短刨通过旋转轮向压盖和刨刀施加压力。

这款老式的小角度短刨具有可调节的刨口和指轮调节的杠杆式压盖。

不如台刨。

左栏中间照片中的手工刨看起来很像台刨。但是，由于它没有盖铁，且刃口斜面朝上和较小的刨削角度，实际上它只是一只大一点的短刨。像大多数短刨一样，辙叉与刨身铸造成一体，并通过前端底部铸件的滑动来调节刨口。在需要刨平较大的端面时，短刨是不错的选择。

开槽短刨的两侧各有一个开口。这种特殊的短刨可以轻而易举地加工较大的榫头。刨子背面的滚花指轮可以轻松调节刨削深度。

修边短刨是一种相当独特的手工刨，其自身带有整体式靠山，可以轻松地修整和刨直木板边缘。倾斜的刨刀刨削起来很利落，尤其适合刨削端面。

短刨的刨刀需要刃口斜面朝上固定在刨身中。

可以使用这种大号短刨来整平和修整最坚硬的端面。

这种开槽短刨非常适合修整榫头。

这种修边短刨具有 90° 的整体靠山。

刮刀和刮刨

尽管通常不认为刮刀是一种手工刨，但其工作方式与大角度的手工刨类似。与手工刨不同的是，刮刀需要借助细小的毛刺完成刮削。正是毛刺使刮刀变得很特别：它限制了切割深度，因而即使是处理最难搞的木料时也能将撕裂的风险降到最低。同样，也是因为毛刺，刮刀很难研磨（参阅第 140 页的"研磨手工工具"）。不过，只要掌握了研磨的步骤，它就会相当容易。使用锋利的刮刀会带给你很好的操作体验，因为刮削相比打磨可以大幅节省时间。请记住，打磨是通过磨料去除木料的。为了有效地打磨，必须逐渐增加砂纸的目数。而锋利的刮刀形成的是刨花，而不

➤ 使用橱柜刮刀

橱柜刮刀看似简单，但掌握刮削技术还需要一些耐心，并且需要将橱柜刮刀研磨锋利。

为了有效地使用橱柜刮刀，首先要将部件固定在木工桌上。

双手握住橱柜刮刀，通过大拇指用力使钢片略为弯曲，同时将刮刀朝向刮削的方向稍稍倾斜。

如果橱柜刮刀足够锋利，就可以刮削出薄而蓬松的刨花。

为了去除小范围的撕裂，需要在缺陷周围刮削稍大的区域，以免产生凹陷。

锋利的橱柜刮刀可以迅速去除撕裂和其他表面缺陷。

这种小型刮刨可以整平最难搞的木料制作的接头，且不会造成撕裂。

是粉尘，因此相比使用砂纸打磨效率更高。

有几种类型的刮刀可供选择。橱柜刮刀不起眼的外观掩盖了它的价值，从刮削门板上的困难区域到刮削椅子腿的曲面，它可以高效地胜任各种刮削操作。使用橱柜刮刀时，只需用大拇指和其他手指将其弯曲进行刮削。

对于门和箱体框架的刮削，我最喜欢使用小号刮刨。厚实的刨刀减少了震颤，而短底座更易于操纵。

当需要刮削桌面、箱体侧面和其他大型面板时，大号刮刨是首选工具。较大的底座和宽刨刀消除了刮削过程中的颤动和不规则。手柄和球形把手可提供良好的抓握，使你可以进行有力的长程刮削。

刮刨可以整平大型的、纹理复杂的面板，且不会造成撕裂。

刨削接头的手工刨

几乎每件木工作品都包含至少一组接合件，并且用于切割和修整接头的手工刨也有很多。所有工房都应该至少配备一把榫肩刨；我自己的工房里就有好几把。榫肩刨用于修整榫头的颊面和榫肩，使榫头可以与榫眼精确匹配。一把精确的榫肩刨具有精细的刨口和较小的刨削角度，能够横向于榫肩端面纹理精确刨削出刨花。在熟练掌握了榫肩刨的调整方法和使用技巧后，你就会沉迷于榫肩刨带来的干净、可控的刨削结果。大而重的榫肩刨是修整宽榫头端面的最佳选择。最好

这种大而重的榫肩刨可以刨削出轻薄的刨花。

榫肩刨的侧面应与底座的底面成直角。

小号榫肩刨能够修整较大的榫肩刨无法处理的狭窄区域。

将榫肩刨的前端取下，它就变成了凿刨。

在刨削横纹槽时，槽刨的前端刀片可以先于刨刀切断木纤维。

的榫肩刨，其侧面与底座的底面成直角，能够确保将榫肩修整方正，与颊面成直角。较小的榫肩刨适合处理较大的手工刨无法修整的狭窄区域。某些榫肩刨具有可移动的前端，可将工具转变成凿刨用来修整边角。

槽刨

像榫肩刨一样，槽刨的侧面也有一个开口，是专门为修整边角而设计的。但是，大多数槽刨是专门为切削设计的，而不单单用来修整槽口。最精细的槽刨具有前端刀片、靠山和限深器。在

这款槽刨具有靠山和限深器，可以控制刨口的尺寸。

横向于纹理刨削时，前端刀片可以先于刨刀切断木纤维，从而可以有效地防止撕裂木料。靠山和限深器用于控制刨口的宽度，以匹配凹槽的宽度。

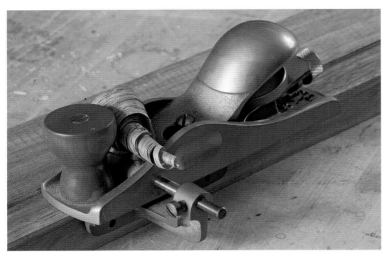

这款小槽刨上的倾斜刨刀可以使切口更整齐。

这款大粗槽刨可以轻松地刨平较大的凹槽。

特种刨

在手工刨的鼎盛时期，制造商推出了数十种特种刨，它们每一种都具有非常特定的功能。这里举个例子。企口刨是一种外观相当奇特的手工刨，它配有两个手柄和两片刨刀，可以沿一个方向推动刨削出凹槽，向相反方向推动刨削出与凹槽匹配的榫舌。与刨身铸造成一体的靠山用来引导切割，一体式的限位块用于控制切割深度。可拆卸靠山同样可以切割出匹配的凹槽和榫舌。同时使用两个单独的刨刀可以切割出榫舌，枢转靠山使其覆盖一个刨刀则可以切割出匹配的凹槽。

企口刨沿前后方向都可以操作。

图中的企口刨具有可摆动、可偏置的靠山。

靠山通过跨在木料边缘来控制凹槽的宽度。限深器则是在连续切割的过程中，通过摩擦木板的表面来限制切割深度。

槽刨有多种样式可供选择。开槽短刨具有倾斜的刨刀，同时刨身上有一个可拆卸的侧板，因此，这种独特的工具具有双重功能，在不开槽的情况下，它可以用作短刨；在需要开槽时，在刨身上连接一个小型靠山，就可以引导刨刀开槽。粗槽刨本质上是有着开放侧板的台刨。它的大尺寸、大质量和舒适的手柄使你可以轻松地切割或刨平大槽口。这种手工刨的手柄是倾斜的，因此可以刨削边角周围的区域而不会撞到指关节。

鸟刨

鸟刨已经存在了几个世纪。它们本质上是一种左右两侧都有把手的短底座手工刨。当需要整平和修整带锯锯切出的曲面时，我会使用这种工具。像许多手工刨一样，鸟刨同样有木制和金属制两种版本。由于较小的切削角度，木制鸟刨就像刮刀一样，是处理湿材形式的温莎椅靠背圆木的最佳选择。

但对大多数木工操作来说，我更喜欢使用金属制鸟刨。它具有更大的切削角度和更大的重量，可以在干燥坚硬的木料上顺畅地切割。与大多数金属刨一样，金属制鸟刨也具有指轮，可以快速、准确地调节切削深度。以前，金属制鸟刨有多种尺寸和种类，底座也有多种形状，扁平的、下凹的或外凸的。有时，同一只鸟刨上会含有两种形状的底座，以此来减少切换工具的麻烦。老式的鸟刨今天仍被广泛地使用，多种类型的鸟刨也仍然在生产。尽管品种繁多，但传统的平底鸟刨最为有用。

曲面刨

大多数的手工刨都会采用沉重的铁制刨身和铣削成形的底座的设计，用来制作绝对平整的表面。但是曲面刨则不同，它具有薄而柔韧的钢制底座，可以贴合曲面部件的表面以刨削曲面。曲面刨的顶部有一个调节旋钮，可以将底座或推或拉形成外凸或内凹的形状。尽管曲面刨是一种实用的工具，但它通常只适合处理圆弧或圆面部件，处理自由曲面的效果不是很好。

成形刨

在电动工具问世之前，橱柜工匠使用专门的成形刨为家具制作线脚等装饰件。每种轮廓的装饰件都需要使用一种专门的成形刨经过反复处理才能制作得到。也可以使用一只成形刨加工复杂的大型装饰件，但是大型成形刨一般价格昂贵，且难以推动。作为替代，可以使用一系列较小的成形刨为宽大的装饰件塑形。要确定特定的成形刨制造出的装饰件的形状，请将成形刨翻转并检查底座。

成形刨的塑形轮廓很常见，S 形曲面、凸圆线脚、异形珠边等。空心成形刨和凸圆成形刨仍然是最为通用也最为常见的。空心成形刨的底座底面内凹，可以加工出外凸的曲面。凸圆成形刨则可以加工出与之匹配的内凹曲面。这两种成形刨曾经是根据编号成对生产的，全套成形刨有多达 24 种尺寸。如果你有耐心，现在仍然可以找到空心成形刨和凸圆成形刨的配对组，甚至是全套配对产品。而且它们还有很多用途，空心成形

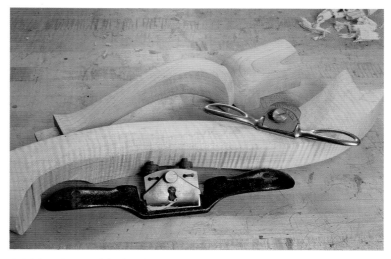

鸟刨实际上是一种短底座的手工刨，非常适合刨平曲面。

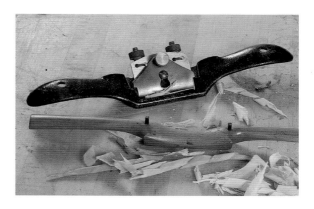

有木制鸟刨或金属制鸟刨可供选择。

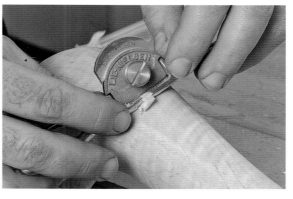

这种小号鸟刨可以处理弧度变化剧烈的曲面轮廓。

曲面刨的柔韧钢制底座可以弯曲以贴合并刨平部件表面。

使用手工刨进行塑形

　　尽管随着夹具和模板的种类激增，电木铣越来越常用，但专为塑形设计的手工刨仍然是你最值得拥有的有用工具之一。成形刨、鸟刨和曲面刨就是当时的电木铣和成形机。但是为什么如今还要使用它们呢？因为精美家具的许多精细细节是机器无法制作的。锋利的鸟刨仍然是获得曲线优美的弯腿曲面的最佳选择。而且只有刮刀才能为椅子的靠背上冒头复合曲线轮廓塑造异形的珠边。这些工具操作起来很安静，也比电动工具更加有趣。

　　成形刨的底座底部以及刨刃的轮廓与其制作的装饰件的轮廓相反。刨刀通过一根细长的木楔被牢牢锁定在刨身上。刨削产生的刨花则从刨身侧面被推出。

这把木制成形刨可以塑造出美丽的 S 形曲面轮廓。

现在，木制成形刨仍然在装饰件的成形加工中使用。

成形刨的底座与其制作的曲面轮廓形状相反。

成形刨通过一根简单的木楔块向刨刀施加压力，将其固定到位。

这款侧向珠边刨可以沿木板边缘塑造珠边造型。

这种空心成形刨和凸圆成形刨是成对编号的。

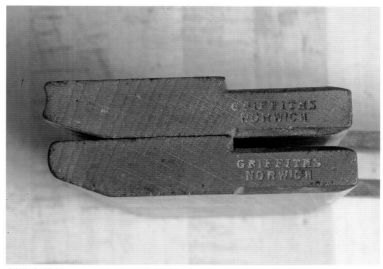

制造商的标记表明这是一对成形刨。

刨和凸圆成形刨除了为复杂的大型装饰件塑形，也可用于雕刻曲面。

在考虑购买成形刨时，要选择那些刨刀和木楔块完整的，因为为老式的刨身制作新的木楔块和刨刀既困难又耗时。为了避免成形刨底部过度磨损或者因接触水分导致刨尾裂开，刨口应该足够窄，使刨花被刨刀削起时可以有效地被切断。如果底座出现了过度磨损的迹象，或者由于磨损而变形，刨口就会变大，成形刨撕裂木料的问题就会变得更加频繁。品质较高的成形刨底座沿易磨损的区域精心装配了致密的黄杨木条，以延长它们的使用寿命。截至 19 世纪晚期，许多公司都生产了大量的木制成形刨。许多成形刨至今仍然保存良好，几乎没有磨损痕迹，且价格合理，因此不值得额外投入时间和精力对状况欠佳的成形刨进行维修。

像这样成套的空心成形刨和凸圆成形刨现在仍然可以找到，并且它们相当有用。

刮块

部分成形刨和刮刀，以及刮块可以被视为大角度的小型成形刨。它们擅长为小型部件塑造简单的轮廓，特别是为曲面制作珠边装饰以及为电木铣难以加工的复杂部件塑形。

刮块的刮削模式类似于刮刀，需要通过刃口的毛刺来完成。但是，刮块的刃口形状则更像成形刨的刃口轮廓。可以购买金属刮块搭配几片异形刀片使用，或者使用旧的划线规甚至是废木料自己制作刮块。如果需要沿内凹曲面的边缘塑造轮廓，需要将划线规的一面加工成相应的曲面。

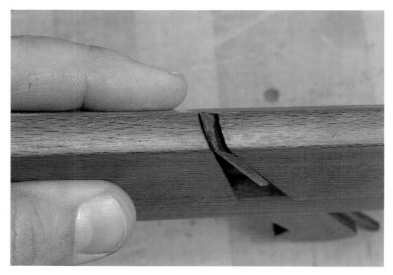

底部几乎没有磨损的木制成形刨，其刨口很窄。

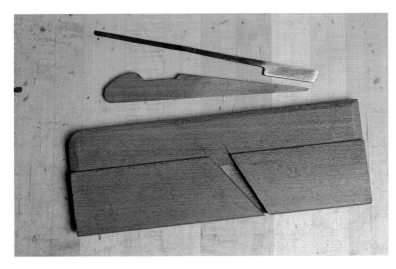

避免购买缺少刨刀或木楔块的成形刨。

这种"盒式"成形刨在易磨损处插入了一块黄杨木，从而大大延长了其使用寿命。

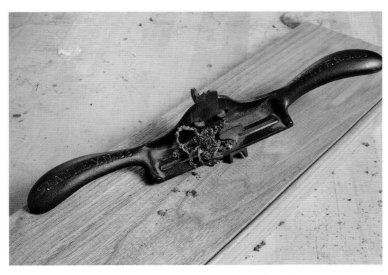

这种金属刮块具有可更换刀片，用来制作不同轮廓的表面。

必备的手工刨

　　如果你是一个木工新手，并且还没有购买手工刨，那么肯定想知道如何选择手工刨。一把台刨必然是首选。在你掌握必要的技能后，你就可以经常使用它来刨平面板、修整抽屉和其他组装部件的接头。

　　木匠对细刨的最佳尺寸并没有达成统一的意见。毫无疑问，这也是总是有多种不同型号的细刨可供选择的原因。我个人觉得，4 号刨是第一把细刨的首选。4 号刨有着足够的重量，使其可以在刨削行程中产生足够的压力，而且它具有出色的平衡性和可操纵性。在 4 号刨的近亲中，3 号刨过小过轻，而 4½ 号刨明显偏重。

　　稍后，可以根据实际需要考虑添加 6 号或 7 号刨。这些台刨都可以将超出平刨加工宽度的宽板刨平。它们还可用于在胶合木板之前对边缘进行精修。

　　需要考虑的第二把手工刨是一把短刨。这种小巧的单手刨可用于完成多种轻型任务，从将小台面的端面刨削光滑，到为抽屉部件进行轻微地倒角和修整，都可以胜任。尽量选择刨口可调节的小角度短刨。

　　第三把也是最后一把必备手工刨是榫肩刨。与前两种手工刨不同，榫肩刨在靠近刨口的侧面具有开口，因此可用它来修整边角。榫肩刨是修整榫头使其与榫眼匹配的最佳工具。虽然我更喜欢较大的榫肩刨，但优质的小号榫肩刨也是不错的选择。

　　在掌握了上述三种手工刨的使用技术后，再确定需要添加哪些手工刨就会变得很容易了。随着木工知识和木工技能的积累，你会逐渐形成自己的操作风格，并可以根据实际需求添加手工刨。

台刨、短刨和榫肩刨（从左至右）是制作家具必备的手工刨。

刮块刀片应足够坚硬，以便固定一侧边缘，同时要足够柔韧，以便研磨后可以在刃口形成毛刺。旧的手锯锯片是理想的选择。可以使用小锉刀锉削出刀片的轮廓。

史丹利 45 号和 55 号刨

在 19 世纪末和 20 世纪初，史丹利致力开发木制手工刨的金属版本。45 号刨和后来的 55 号刨是该公司设计的金属成形刨。45 号以组合刨的形式出售，能够切割各种对称的轮廓，例如半边槽、横向槽和异形珠边。不久之后，史丹利开发了更复杂的组合刨，标为 55 号。史丹利 55 号刨的功能更加强大，还可以切割不对称的轮廓，例如 S 形曲面和指甲盖形曲面。完整的 55 号刨，连同所有刨刀、靠山和配件，被誉为"小型刨床"。

不过，尽管这两种手工刨都是多功能型工具，但 55 号刨使用起来却相当麻烦。由于组合刨包含许多零件，因此需要一些设置时间，尤其是在加工更复杂的轮廓时。

毫无疑问，许多早期的木匠也有同样的感觉。带有原包装盒且几乎没有磨损痕迹的二手 55 号刨并不少见。

使用一块木块和一把旧橱柜刮刀就可以轻松制作刮刨。

史丹利 45 号刨可以调整，用来切割珠边或开槽。

史丹利 55 号刨能刨削出多种轮廓。

刨削技术

基本刨削技术

尽管手工刨种类繁多，但它们的使用技术非常相似。因此，只要掌握了基本技术，就能够胜任各种刨削操作。使用 4 号刨将一块木板的边缘刨削平滑是一个很好的练习。首先要确保刨刀锋利且调整到位（参阅第 132 页"调整台刨"）。

在拿到一把手工刨开始刨削之前，我通常会首先检查刨削深度。大多数情况下，刨削出轻薄的刨花要比刨削出厚重的刨花更可取（图 A）。你会发现，推动手工刨更容易刨削，且获得的表面更加光滑，出现撕裂的概率更小。调整刨刀最精确的方法是，沿手工刨的底部瞄准对齐。用一只手抓住手工刨的前端手柄，用另一只手旋转深度调节螺丝和水平调节杆。将刨削深度调整到位后，刨刀刃口应刚好探出刨口一点点。调节水平调节杆以修正任何左右不均衡的问题。

开始刨削时，一只手按压手工刨的前端施加向前、向下的压力（图 B），另一只手则向前推动手工刨（图 C）。当刨削到木板末端时，应向下按压手工刨的尾部（图 D）。

在前推手工刨时，手臂应与上半身同时发力。每次开始刨削前，肘部都是弯曲的（图 E）。随着手工刨的前推，手臂会逐渐伸展，身体会同时前倾以辅助刨削。为了完成刨削，需要保持双脚稳固不动，并在前倾身体的同时伸展手臂（图 F）。为了保持刨削平直方正，可以用手抵靠在木板的大面以稳定刨身（图 G）。

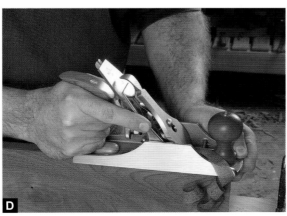

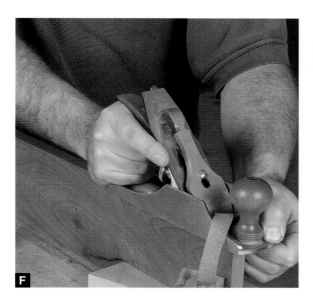

F

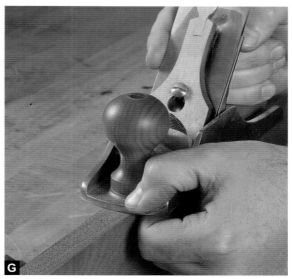

G

刨平宽板

我会尽量避免使用几块窄木板边对边拼接成一块宽板的做法。纹理和颜色的不匹配着实让人头疼。相比之下，我更喜欢使用一张宽板来制作桌面和门板。在将宽板刨削到所需厚度之前，最好先将木板的一个大面刨平，消除任何的翘曲或扭曲。如果平刨太小，无法处理宽度超过 6 in（152.4 mm）或 8in（203.2 mm）的木板，可以使用台刨刨平木板。刨身较长的 7 号或 8 号刨效果最佳。较长的刨身可以直接跨过木板表面上的凹陷区域，更容易刨平木板。此外，较长的台刨具有额外的重量，可以将每次刨削时产生的震动控制在最小幅度。

如果需要刨削掉很多木料，你要记住，这样做的目的是整平木板，而不是将其处理光滑。我会研磨刨刀的凸面，并调整辙叉和刨刀，使手工刨可以进行粗切（图 A）。然后我会用 4½ 号刨将木板表面刨削光滑。

先使用曲面量尺检查木板是否平整（图 B）。扫视一下量尺的顶部就能发现木板的高点。用限位块顶住两条相邻的边缘，沿对角线方向，从一个角（图 C）向着其对角（图 D）刨削。经过初始的刨削后，木板的最高处会被刨削掉。

接下来，稍微转动手工刨，增大横向于木板纹理的刨削区域（图 E）。继续刨削，直到从两

A

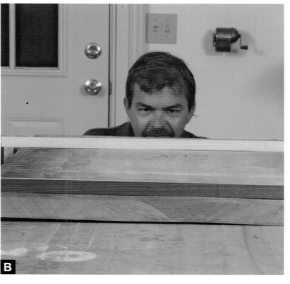

B

个对角开始的刨削区域在木板中间汇合（图F）。

最后，使用曲面量尺找到并刨平剩余的所有高点。此时，木板的一个大面应该已经平整，可以用压刨将其刨削至最终厚度了（图G）。

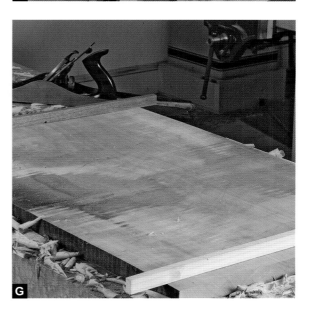

手工刨削木板到所需厚度

　　用手工刨将木板刨削到所需厚度，首先刨平木板的一个大面。最简单最快速的方法是使用长台刨，例如 6 号、7 号或 8 号刨，沿木板的对角线方向推动手工刨刨削木板（图 A）。这一步只需将木板刨平，而不是将木板刨削光滑（图 B）。稍后换用细刨沿顺纹理方向将刨平的木板大面刨削光滑（图 C）。

　　接下来，将划线规设置为木板的最终厚度尺寸，并仔细标记在木板的 4 个边缘（图 D）。当你刨削木板的另一个大面时，标记线会呈现为羽毛状的木纤维细丝（图 E）。

刨平胶合的木板

　　将窄木板边对边胶合后，我会先使用台刨将新木板的一个大面刨平，再将其刨削至所需厚度（图A）。在这个实例中，我刨削的是由胡桃木和杨木胶合拼接的木板。这些木板会被重新锯切，用作香料柜内部的隔板。因为大部分的隔板都隐藏在抽屉里，所以我选择将便宜的杨木胶合在胡桃木上以降低成本。

　　仔细地匹配两块木板的纹理方向，可以极大地简化后续的刨削过程，只需顺纹理刨削木板（图B）。如果两块胶合木板的纹理方向不太一致，通常最好的方式是沿新木板的对角线方向刨削（图C），这样能够最大限度地减少撕裂。最后，用锋利的刮刀将新木板刨平的大面处理光滑（图D）。

[小贴士]

　　凝固的胶水会钝化刨刀刃口，因此在刨削胶合的木板之前，应先将挤出的胶水除去。

刨削木板边缘

　　刨削木板边缘是在对木板进行纵切或拼接制成宽板之前，将木板边缘刨削平直的过程。在将木板边缘刨平的过程中，使其与木板的大面保持垂直（刨直）也是很重要的。

　　手工刨的平整底部对于修整木板边缘非常有用。不过在刨削过程中，木板边缘的中间区域很容易刨削过度。为了消除这种趋势，应在开始刨削时向手工刨前端施加较大的压力（图 A），在刨削即将结束时将压力转向手工刨的后部（图 B），这样做会有所助益。用大拇指向下按压，并用食指顶靠木板以稳定刨身（图 C）。如有必要，可以使用修边刨完成最后一次刨削，以确保木板边缘足够方正（图 D）。

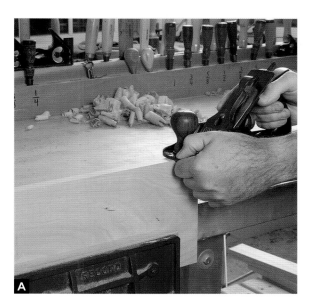

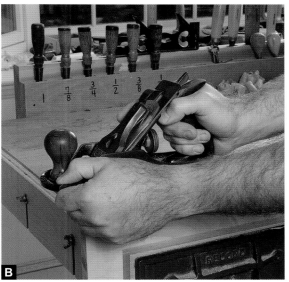

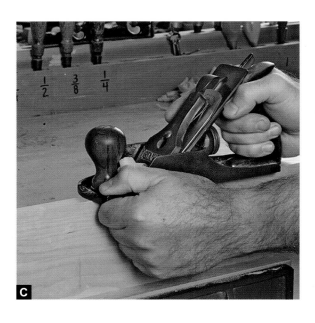

刨削端面

木板的端面通常隐藏在装饰件或案板式的端部之下。但从整体视角来看，刨削可以使木板端面的外观得到大幅改善。端面的木纤维很坚韧，很难进行处理，最好使用非常锋利的小角度短刨刨削。小角度短刨很有用，像图中这把稍长的小角度台刨也可以（图A）。为了防止木板后缘开裂，保持木板表面平整方正，可以使用刨削台辅助刨削（图B）。

➤ 参阅第 37 页关于刨削台的内容。

将木板切割到最终的长度后，用一只手将木板抵靠刨削台的挡块，将其固定到位。用另一只手推动手工刨进行连续的长程刨削。如果刨刀刃口足够锋利，且刨削深度已调整为轻刨模式，那么会刨削出轻薄的刨花，留下干净平整的木板表面（图C）。

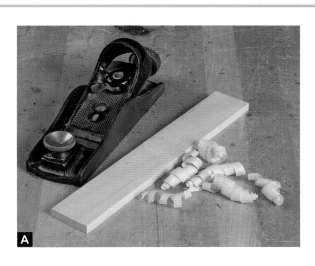

刨削小木料

在刨削过程中，用手工刨推过固定在木工桌上的木料的表面。但是，如果要刨削小木料，固定手工刨，将小木料推过刨口可以更容易、更精确地进行刨削（图A）。将手工刨倒置固定在台钳中（图B），实际上，这相当于制作了一个小型平刨。甚至可以将一条木条固定在倒置的手工刨底座上，用作靠山。首先将小木料的边缘按压在手工刨底座的前端（图C）。在将小木料推过

刨刀刃口时，注意将压力保持在靠近刨刀刃口的区域（图 D）。将小木料从前端到末端连贯地

推过刨刀刃口，刨削出平滑、方正且均匀的边缘（图 E）。

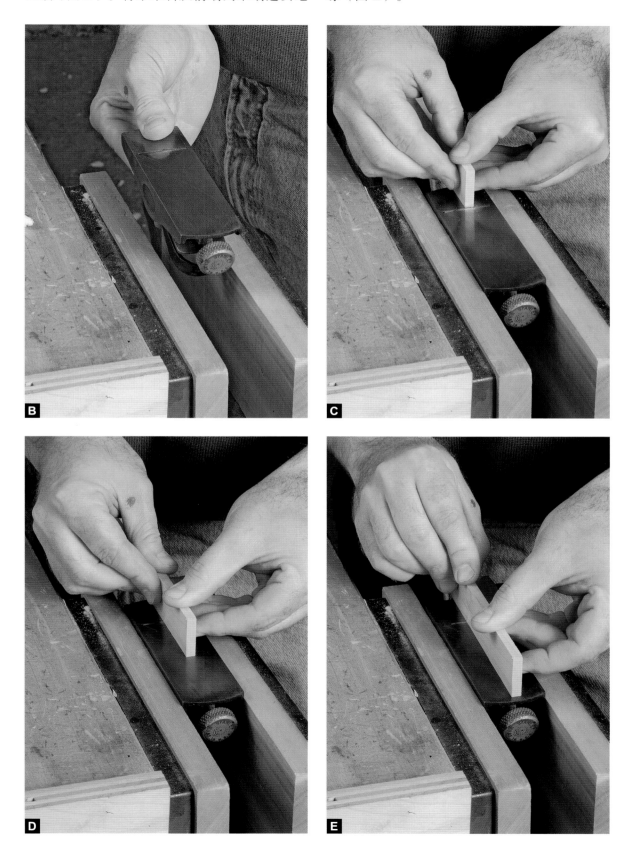

刨削锥度桌腿

电动工具和手工工具常常是很好的搭档。电动工具能够高效地切割木料，而手工工具能够制作各种细节。这条锥度桌腿就是一个很好的例子。用台锯锯切出桌腿的锥度，然后用台刨快速去除令人讨厌的锯痕，获得光滑的表面（图A）。

首先确定桌腿的纹理方向。大多数情况下，纹理是沿桌腿的长度方向延伸的。将手工刨的前端放在锥度变化的起始位置，使刨刀刃口相对于这个位置略微靠后（图B）。身体前倾，并利用上半身的力量推动手工刨（图C）。随着刨刀靠近桌腿的末端，将压力转移到手工刨的后端（图D）。如有必要，可以稍微倾斜刨身以改善刨削质量（图E）。

组装门

　　门有三种类型：覆盖式门、卷边式门和齐平式门（图 A）。齐平式门的安装最为烦琐，因为不同于其他两种类型的门，齐平式门必须与箱体完美匹配。当门关上时，门与箱体之间的任何不匹配都很容易被发现。一把锋利、调整到位的台刨能够轻松完成修整，使门和箱体精确匹配。

　　在制作齐平式门时，门梃和冒头的宽度应比其最终尺寸多出 1/32 in（0.8 mm）。此外，门的尺寸应与箱体开口的尺寸相同。可以将门放在开口处检查其尺寸是否合适。可能需要修整门梃和冒头，使门与箱体匹配。在橱柜上标记出门梃及与其相邻的冒头悬空超出箱体的位置（图 B）。将门固定在台钳中，然后在标记区域小心地刨削一两次（图 C）。刨削冒头时，应向着门的中间刨削，以免撕裂门梃的端面（图 D）。

　　在将门梃和冒头修整得与箱体开口匹配后，将门放回箱体上。在橱柜上标记出另一对门梃（图 E）和冒头（图 F）悬空超出箱体的位置。接下来，测量悬空部分的尺寸（图 G），然后据此进行刨削修整。

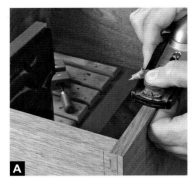
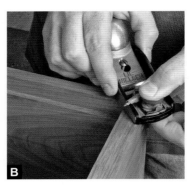

刨削橱柜边缘

组装完成后，需要修整家具组件以纠正难以避免的表面变形。这个小香料柜就是一个很好的例子。在通过燕尾榫完成箱体的组装后，用手工刨对接合件的交叉区域刨削一两次。尝试使用砂纸打磨会磨圆接合区域，并留下划痕。

首先检查箱体部件以确定纹理方向。纹理沿木料长度延伸时在某些位置改变方向是很常见的。在刨削时，用大拇指按住手工刨的前端施加向下的压力，用食指和中指稳定刨身，以保持刨削方正（图A）。在靠近箱体的转角时，将刨身倾斜45°，以免在交叉区域产生撕裂（图B）。当你继续刨削至相邻的边缘时，请做好应对纹理方向改变的准备（图C）。然后，用直尺检查刨削边缘是否已经修整到位（图D），并根据需要进行必要的调整。

刨平燕尾榫

在切割燕尾榫时，我在尾件上标记的基线尺寸要略大于其厚度。这样在完成组装后，插接头会略微突出。将突出部分修整平齐后，就可以得到整齐漂亮的接合区域了。

首先将部件固定在木工桌上。我使用大号的手拧螺丝将香料柜固定在木工桌边缘（图A）。现在，使用锋利的小角度短刨进行轻度刨削。当刨削插接头的端面时，可以倾斜刨身，使刨削力量向下作用于橱柜（图B）。这样可以得到整齐光滑的表面，同时不会使箱体沿边缘裂开（图C）。

刨削半边槽

半边槽是在木板边缘制作的凹槽。这是一种常见的木工结构，具有广泛的用途，例如用于门和抽屉的镶边。我将使用槽刨刨削半边槽。与榫肩刨不同，槽刨具有靠山和限深器，可以控制最终的刨削尺寸。刨削半边槽前，应首先将手工刨的靠山设置为所需的宽度（图 A），然后调节限深器，并将其锁定到位（图 B）。

起始刨削像使用台刨时一样，将向下的压力保持在手工刨的前端（图 C）。随着你向前推动手工刨，伸展手臂，同时身体前倾，为刨削增加动力（图 D）。当接近部件的末端时，将向下的压力转移到手工刨的后端（图 E）。在整个刨削过程中，用食指和中指按压手工刨的靠山，以确保半边槽的宽度均匀一致（图 F）。

反复刨削几次，直到限深器摩擦到部件使手工刨停止刨削（图 G）。

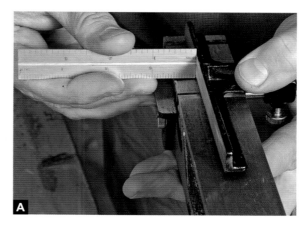

A

B

C

D

E

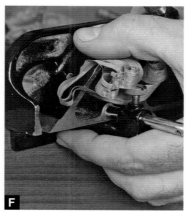

F

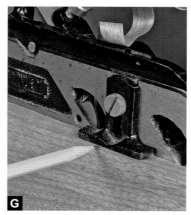

G

刨削倒角

倒角是沿木料边缘制作的 45° 装饰性斜面。虽然可以使用电木铣切削倒角，但使用手工刨刨削通常更高效，尤其是在只需要处理一两块木料时。此外，用手工刨制作倒角会产生细微的不均一，从而赋予作品令人愉悦的手工外观。

沿木料边缘（图 A）和大面（图 B）画线，用铅笔和组合角尺标记倒角的边界。小巧的短刨非常适合用来刨削倒角（图 C）。先处理端面。将刨身倾斜 45° 并稍微向下倾斜进行刨削（图 D）。在接近画线时，可根据需要调整刨身角度。

完成端面的倒角后，继续处理长纹理边缘（图 E）。将长纹理边缘保留到最后刨削有利于确保将转角的细小撕裂刨削除去。

刨削异形珠边

　　木制成形刨仍然是塑造独特家具轮廓的有用工具。此示例中的异形珠边，通常用于装饰橱柜的背板和面框的边缘。

　　为了获得最佳效果，应选择直纹木料并顺纹理方向进行刨削。在刨削过程中，保持靠山牢牢抵靠木料（图 A）。当刨削到全深度时，手工刨上内置的限位块就会摩擦到木料（图 B）。

刨削曲面

　　带锯擅长锯切曲面，但它们留下的加工痕迹同样需要在表面处理前除去。像使用台刨将平直木料上的铣削痕迹去除那样，使用曲面刨来刨削和精修曲面（图 A）。

　　首先调整曲面刨的柔性底板，使其与待刨削的曲面匹配（图 B）。对于外凸曲面，我会调整曲面刨，使其底板相比部件的曲面略平直一些。与其他手工刨一样，请顺纹理方向刨削。刨削曲面需要你从部件的曲面顶点开始（图 C）向下刨削（图 D）。

手工刨的调整

调整台刨

为了使手工刨展现其最佳性能，必须对其进行调整。首先，手工刨的底座底部应该是平坦的，但许多手工刨却不是这样。而且很不幸，许多新手工刨的底座底部也存在翘曲或研磨不当的问题。而旧的手工刨往往存在底座磨损的问题。

使用平坦粗糙的磨料，例如金刚石研磨板，将手工刨的底座底部研磨平整（图 A）。用机工平尺定期检查刨底的平整度（图 B）。接下来，整平辙叉。使用扁锉小心地清除铸件上可能留下的高点或毛刺（图 C）。刨刀应牢牢贴靠在辙叉的表面而不晃动。

在刨削过程中，盖铁支撑着刨刀。盖铁是一块用大螺丝固定在刨刀背面的钢板。可以考虑使用较厚的配件替换现有的刨刀（图 D）和盖铁（图 E），以获得最佳稳定性。替换手工刨原装的、易产生震动的薄刨刀和薄盖铁只需很少的花费，而且替换后可以大幅改善手工刨的性能。

接下来，检查盖铁与刨刀的匹配情况。盖铁对刨刀具有重要的支撑作用。它能够加强刨刀刃口的切削，使离开排屑通道的刨花卷曲。为了保持作用于刨刀刃口的压力均匀一致，盖铁应沿长度方向稍微弯曲，其前缘必须笔直。如有必要，可以将盖铁固定在台钳中，用木槌轻轻敲打使其

弯曲（图 F）。为了使盖铁的边缘平直，需要用扁锉进行锉削，注意保持盖铁边缘的斜面角度一致。为了检查结果，可以将盖铁叠放在刨刀上，拧紧螺丝固定组件（图 G）。现在，沿盖铁的前缘目测并寻找是否有光线透出，如果有光线，则表明盖铁和刨刀之间存在间隙（图 H）。为了刨削出精细轻薄的刨花，盖铁的前缘应比刨刀刃口前缘低约 $1/32$ in（0.8 mm）（图 I）。现在可以研磨刨刀了。

最后，通过移动辙叉来调整刨口。为了刨削平滑，刨口应小些，以最细的刨花恰好能够通过为宜。在重新组装手工刨之前，请整平和抛光杠杆式压盖的前缘（图 J）。然后，在所有部件表面涂抹一层蜡，并在活动部件上滴一滴油，包括深度调节轮和水平调节杆。调整刨削深度，以能够进行轻度刨削并形成均匀的刨花为宜。瞄着手工刨的底座底面（图 K），然后转动调节轮，直到刨刀刃口略探出刨口（图 L）。如果需要横向移动刨刀，应转动位于辙叉顶部的水平调节杆。

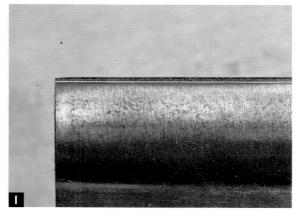

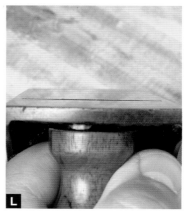

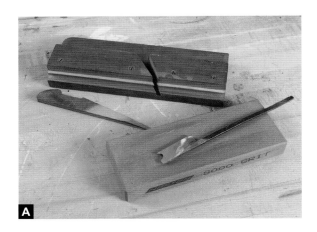

调整木制成形刨

二手的木制成形刨使用起来令人愉悦，所以现在仍被广泛使用。在购买二手成形刨时，应避免购买那些底部过度磨损或由于暴露在潮湿环境中而出现开裂，以及刨刀存在凹陷的产品。

首先拆卸成形刨。这种独特的工具结构非常简单，只包含一个刨身、一个木楔块和一片刨刀（图A）。用木槌轻敲成形刨后端以松开卡紧的木楔块（图B）。首先研磨刨刀。像研磨其他刨刀一样，先将刨刀背面抛光至镜面光泽（图C）。刨刀的轮廓应与刨身的木质底座匹配。不过，如果刨刀经过了其前任主人的反复研磨，可能其轮廓已经发生了改变。如果无法修正，可能就无法设置刨刀以获得一致的刨削深度。可以先用扁锉进行锉削，以修正刨刀的轮廓（图D），之后用滑磨石进行抛光处理（图E）。将刨刀重新装回刨身中，并瞄着刨底，将刨刀刃口调整至能刨削出轻薄刨花的位置（图F）。

调整鸟刨

　　调整鸟刨时，应先拆下所有部件，包括用于调节刨削深度的指旋螺丝（图 A）。使用扁锉整平支撑刨刀的铸件部分（图 B）。整平并抛光杠杆式压盖的前缘（图 C），并将刨刀刃口研磨锋利。

修整手工刨

修复旧台刨

　　在这个示例中手工刨是史丹利 606 号岩基刨（图 A）。岩基刨并不常见，而 606 号刨尺寸比较合适。尽管图中的岩基刨有些锈迹（图 B），但它仍然结构完整，些许锈迹不会影响其性能。

　　首先拆卸岩基刨（图 C）。如果固定辙叉的螺丝锈住了，可以考虑喷涂一些润滑剂使锈迹松动（图 D）。可以用扳手钳住方柄螺丝刀以获得额外的扭矩（图 E）。

　　将所有生锈部件浸泡在浅盘的油漆溶剂油中（图 F）。锈迹经过油漆溶剂油的浸润松动后，用精细钢丝绒清洁各个部件。一个好的迹象是，随着污垢和锈迹被清洗掉，大部分的漆层仍能保持完好。最重要的是，辙叉和底座的加工面仍然保留有多年前的机械加工痕迹。铁锈虽然很令人烦恼，但它只是表面问题。

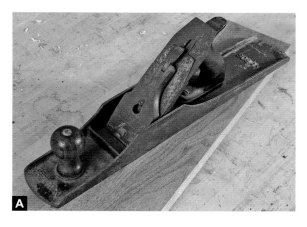

清洁完成后，重新组装手工刨。在螺丝的螺纹区域滴一滴油，在辙叉的加工面涂抹一层油膜，能够使这些部件运转顺畅。油还有助于防止部件在将来生锈（图G）。

尽管这把岩基刨的刨刀锈迹斑斑，但这不是问题。我打算用经过低温处理的刨刀来替换较薄的606号刨的原装刨刀。新刨刀比原装刨刀厚得多，再加上改进的新式盖铁，大大提高了这把岩基刨的性能（图H）。

蛙座的安装、研磨和调整同样是决定手工刨性能的重要因素。

➤ 参阅上一页和第140页的"研磨手工工具"。

组装完成后，在手工刨底座的底面涂抹一层蜡膜（图I）。蜡可以填充到铸铁的微小孔隙中，有助于防止部件生锈。蜡还能起到润滑作用，使手工刨在使用过程中可以更顺畅地在木料表面滑动（图J）。

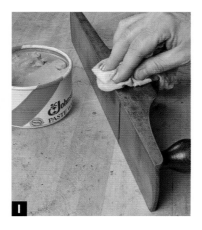

第 8 章
细锉刀和粗锉刀

细锉刀和粗锉刀利用成排的小齿进行切割。粗锉刀是有着特大齿的粗糙锉刀，用于在整形和雕刻复合曲面时快速去除大量废木料。细锉刀是切割齿更为细小的锉刀。

尺寸和形状

锉刀种类很多，其长度从 4 in（101.6 mm）到 16 in（406.4 mm）不等。如果需要处理较窄的表面，可以购买细长的针锉。

锉刀也可以根据切削的光滑程度进行分类。较粗的切削锉刀、粗齿锉刀非常适合整平粗锉刀整形后的表面。在使用粗齿锉刀进行整平后，我通常会跳过系列中的两个锉刀，即二次切削锉刀和细锉刀，直接使用刮刀继续处理。二次切削锉刀和细锉刀切削速度太慢，并且容易阻塞。

锉刀也可以按照形状分类。最通用的形状是扁平形、半圆形和圆形。尽管还有其他形状，例如三角形和正方形，但我发现它们对木工没有用处。在各种形状的锉刀中，我发现半圆形的锉刀最为有用。锉刀的平面一侧非常适合处理外凸曲面，而半圆一侧则非常适合为内凹曲面进行整形和整平。一把锉刀兼具两种形状，可以在锉削时快速地来回切换。

锉刀也可以根据齿的设计进行分类。单向切齿的锉刀比双向切齿的锉刀切面更加光滑。扁锉具有成排的细齿，非常适合对刮刀进行初步修整以去除旧毛刺。曲锉是复合曲线造型的特殊锉刀，是处理雕刻品上狭窄区域的理想选择。当锉刀被

粗锉刀和细锉刀有各种形状和尺寸可供选择。

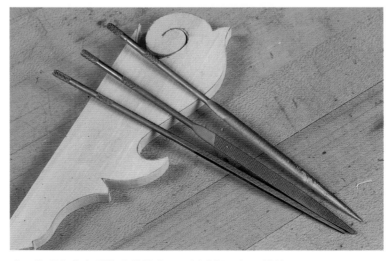

为了处理变化急剧的曲线轮廓，可以选择一把细针锉。

两种锉刀

单向切齿：切割缓
慢，留下的表面较
为平滑。

双向切齿：切割更
激进，留下的表面
较为粗糙。

堵塞时，可以使用锉刷进行清理。这种特殊的锉刷具有短而硬的钢丝刷毛，非常适合此任务。

在不使用锉刀时，应将其单独存放在工具袋或壁挂式的工具架中，以保持锉刀锋利。扔在抽屉或工具箱中的锉刀会很快钝化。最后，应为所有锉刀配备手柄。配备了手柄的锉刀使用起来更安全，也便于在操作时获得更大的杠杆作用。最好的锉刀手柄具有硬化钢螺纹，可以"咬"住锉刀的柄脚将其牢牢固定。

扁锉的细齿非常适合修整刮刀的刃口。

锉刷短而硬的钢丝刷毛专门用于清洁锉刀。

曲锉沿其长度方向弯曲。

为锉刀配备手柄，可以使操作过程更加安全和可控。

这种锉刀手柄具有螺纹，可以牢牢固定柄脚。

使用锉刀

锉削成形椅子腿

　　粗锉刀和细锉刀是简单且用途广泛的工具，适合雕琢和处理复合曲面。锉刀不是用来制作曲面的，制作曲面主要是通过锯切、蒸汽弯曲或层压来完成的。

　　用带锯锯切出曲面后，通常先使用粗锉刀去除较小的瑕疵。为了整平凹凸不平的表面，应将粗锉刀倾斜一定角度，而不是垂直于部件锉削（图A）。在雕琢过程中，要同时沿两个方向用力，即沿着部件的长度方向顺纹理向下锉削以及横向于纹理向前锉削（图B）。用粗锉刀平坦的一面修整部件的外凸曲面，用粗锉刀的凸面修整部件的内凹曲面。

　　在修整变化急剧的曲面时，应利用手腕的力量将粗锉刀滚动推过部件表面（图C）。为了提高速度和效率，最好将锉刀调转180°，通过拉动完成锉削（图D），而不是不断地重新放置部件。勤加练习，你就可以轻松高效地修整和雕琢复合曲面（图E）。

　　当你对粗锉刀的修整效果感到满意后，切换到细锉刀。两种锉刀的使用技术完全相同。细锉刀的细齿（图F）可以迅速地把粗锉刀形成的粗糙表面锉削光滑。

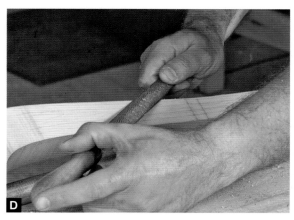

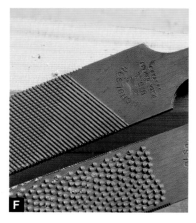

第 9 章
研磨手工工具

　　研磨台式机械的工作，比如硬质合金齿尖的锯片和电木铣铣头，最好交给专业人士来做。专业的研磨工作室既有设备又有知识储备，并能以合理的费用处理这些维护工作。研磨手工工具就是另外一回事了。将凿子、刨刀和雕刻工具研磨锋利的技术是木匠必须掌握的技术之一。凿子或其他刃口工具的刃口在与木工桌上的其他工具接触时经常会被碰出缺口。即使正常使用，这些工具的刃口也会很快钝化，需要经常维护才能在操作时获得最佳的控制效果。幸运的是，掌握研磨技术并不难。研磨只是用磨料以渐进的方式磨掉钢材的过程。随着使用的磨料越来越细，钢材上的划痕也会变得越来越细，钢材会因此变得更加光滑，刃口会变得更加锋利。

　　从水石到砂纸，有多种研磨工具和磨料可供选择，最终的选择很大程度上取决于个人喜好。尽管各种磨石和研磨工具工作特性和成本不尽相同，但都能充分研磨钢材。接下来我们仔细看看这些可供选择的工具。

研磨机

　　研磨钢材以恢复凿子或刨刀刃口的锋利是很有必要的。有时，反复的研磨会使刃口出现缺口或磨损。恢复锋利刃口最有效的方法是使用研磨机研磨。可以选择普通的台式研磨机，也可以选择更为昂贵的湿磨机。台式研磨机需要较高的研磨技术，需要刃口轻触砂轮，以避免钢材因研磨过热，其回火效果或硬度受到破坏。此外，台式研磨机在设计上不适合支撑木工工具。但是，如果可以自制工具支架，利用低温运行的氧化铝砂轮升级台式研磨机，并经常将工具刃口浸入水中加以冷却，台式研磨机不失为恢复刨刀、凿子和其他刃口工具锋利程度的经济有效的机器。

　　现在，同样有许多湿磨机可供选择，它们有着可在水槽中运行的大直径的宽砂轮。湿磨机相

有多种用于研磨钝化刃口的磨料和工具。

比标准台式研磨机具有更多优势，最大的优点是持续的水浴使砂轮和刃口的钢材不会过热。此外，湿磨机的宽砂轮能够更有效地研磨宽大的刃口，例如台刨的刨刀刃口。因为湿磨机是专门为木工工具设计的，所以通常比普通的台式研磨机能够提供更好的支撑。湿磨机的唯一缺点是价格偏高。最后强调一下，无论如何研磨，都会留下粗糙的表面，因此渐进使用更精细的磨料研磨刃口至关重要。

刃口斜面的角度

研磨的第一步是研磨刃口斜面。我通常使用略微内凹的刃口斜面，因为它比平直的斜面研磨起来更快、更容易。刃口斜面的角度通常为20°~30°，25°为标准角度。刃口斜面角度较小的刃口更锋利，切削阻力也较小，但更容易断

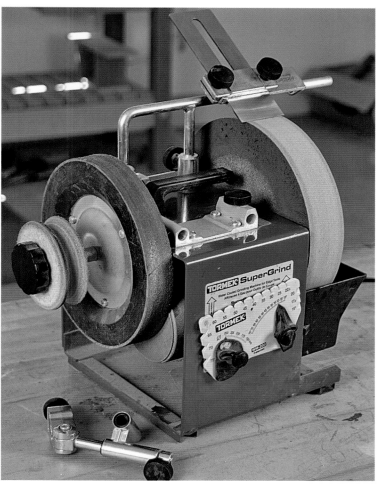

这款研磨机上的大砂轮（右侧）可以在水槽中旋转，以保持刃口处于正常温度。

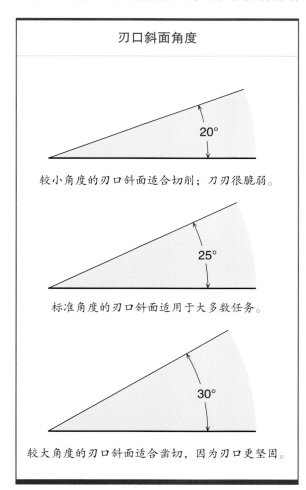

刃口斜面角度

20°

较小角度的刃口斜面适合切削；刃刃很脆弱。

25°

标准角度的刃口斜面适用于大多数任务。

30°

较大角度的刃口斜面适合凿切，因为刃口更坚固。

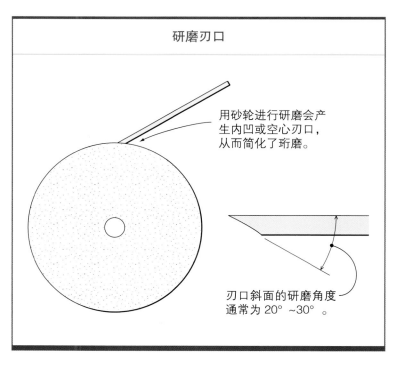

研磨刃口

用砂轮进行研磨会产生内凹或空心刃口，从而简化了珩磨。

刃口斜面的研磨角度通常为20°~30°。

裂。斜面角度较大的刃口更耐用，但切削阻力更大，也更不容易控制。我有几套凿子，通常会根据它们的用途对其进行研磨。例如在需要使用木槌时，我会为短凿研磨角度较大的刃口斜面，对于需要切削的凿子，我会为其研磨小角度的刃口斜面。

此外，有时需要根据钢材的硬度稍微调整刃口斜面的角度。例如如果刃口容易断裂，请尝试以更大的角度研磨刃口斜面。

刃口轮廓

根据手工刨的类型和用途，刨刀刃口可以研磨方正，也可以中央略微外凸。用于制作接合件的手工刨，比如槽刨和榫肩刨，刨刀刃口应研磨方正。细刨的刨刀刃口则是在中央略微外凸时刨削效果最好，因为这样的轮廓可以防止刨刀刃口的边角划伤木板表面。

用于整平粗木料的台刨被称为粗刨。不过，实际上，任何刨刀刃口研磨得明显外凸的台刨都可以当作粗刨使用。只要记住调整手工刨的辙叉，以产生粗糙的刨花即可。

凿子的刃口通常研磨得很方正。斜边凿可用于多种任务，尤其是用于切割燕尾榫。可以购买斜边凿，也可以在普通平口凿的基础上研磨出斜边刃口用作斜边凿。

珩磨工具

在粗磨恢复刃口斜面或除去刃口上的缺口之后，下一步就是珩磨。珩磨是在越来越精细的磨料上研磨刃口的过程。同样需要抛光工具的背面。背面与刃口斜面交汇形成切削刃。但是，抛光工具背面的最佳时间是在购入工具时。之后，每次研磨工具的重点都应放在刃口斜面上。

有很多可用于珩磨的工具。人造水石，研磨速度很快，但自身磨损的也很快。而诸如阿肯色石这样的天然磨石磨损缓慢，但很容易堵塞，且研磨速度缓慢。接下来我们会了解相关的知识，以便正确地做决定。

阿肯色石

直到现在，大多数木匠仍在使用阿肯色石研

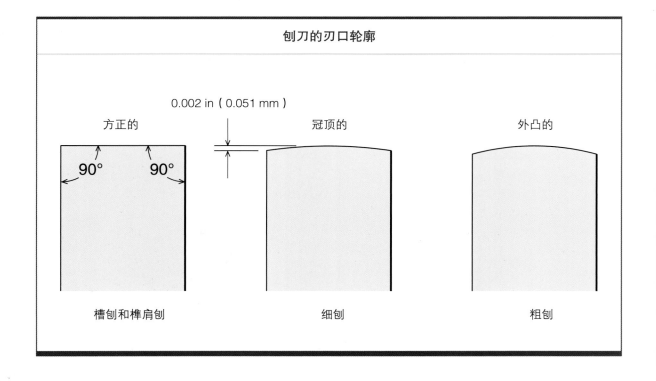

刨刀的刃口轮廓

0.002 in（0.051 mm）

方正的　　　　　　　　　冠顶的　　　　　　　　　外凸的

90°　90°

槽刨和榫肩刨　　　　　　　细刨　　　　　　　　　粗刨

磨工具。天然的阿肯色石能研磨出锋利、表面高度抛光的刃口，并且由于足够坚硬，可以长期保持平整度。但是，由于阿肯色石使用油作为润滑剂，所以它们的表面往往很脏。阿肯色石的主要缺点是研磨速度太慢。与较新的替代方法（例如人造水石）相比，用阿肯色石将凿子的刃口研磨得足够锋利非常耗时，所以我很早就不用阿肯色石了。

阿肯色石以油作为润滑剂。

陶瓷石

我仍记得多年前陶瓷石刚出现时的情景。这种磨石既坚硬又能快速研磨，可以说是性能绝佳的磨石。此外，由于是在干燥状态下使用的，因此它们不像其他类型的磨石那样脏，即便在使用时弄脏了，也可以使用温和的家用清洁剂和水轻松地清洗干净。但是，我很快对这种磨石感到失望，因为经过几次清洁和使用后，它们的研磨能力也会逐渐降低。

金刚石板

将金刚石颗粒黏附在硬塑料板或平磨钢板上制成的金刚石板是磨石的另一种形式。金刚石的研磨速度很快，并且由于硬度高，它的切割能力可以保持多年。600 目的金刚石板非常适合整平工具的刃口背面和手工刨底座的底面。不足之处在于，大多数金刚石板对珩磨的最后阶段来说太粗糙了。不过，可以在硬木块上使用金刚石研磨膏来完成最终阶段的珩磨。

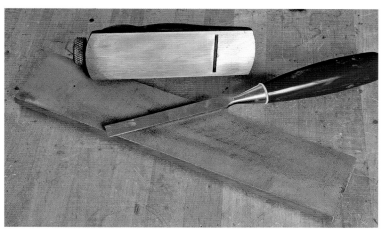

这种"磨石"实际上是将金刚石颗粒黏附在平磨钢板上制成的。

水石

现在，许多木匠因水石能够快速研磨的特性而青睐有加。从日本进口的水石有多种目数可供选择，最精细的水石可以研磨出令人难以置信的锋利刃口。此外，因为水石使用水作为润滑剂，所以不会像用油润滑的磨石那样易脏。水石唯一的缺点是，它们会很快磨损，因此必须经常重新整平。与传统的水石相比，诺顿磨料有限公司

与其他磨石相比，水石的研磨速度非常快。

金刚石板可以很好地整平磨石。

用玻璃板支撑并固定砂纸已成为很多木匠最喜欢的研磨系统。

对于最后的抛光，革砥很好用。

（Norton Abrasives）出品的系列水石研磨速度更快，同时磨损更为缓慢。

砂纸

珩磨的另一个选择是砂纸。只需提供真正平坦的表面，比如玻璃板，来支撑砂纸。在汽车涂料店出售的湿式或干式砂纸是最佳选择，只需润湿砂纸并将其固定在玻璃板上即可使用。如果砂纸磨损，只需将其扔掉换上新的砂纸。最重要的是，砂纸不需要额外展平。砂纸提供了简单的珩磨方式，这种珩磨方式正在受到越来越多的木匠欢迎。

革砥

在对刃口进行最后的抛光时，革砥无疑是最佳选择。你可以购买现成的革砥，也可以自制革砥，这样成本会低很多。只需购买一小块皮革，然后将其粘在一块硬木块上，并用胭脂蜡棒（一种非常精细的抛光磨料）填充皮带。

滑石

滑石具有较薄的轮廓表面，用于珩磨车削工具和雕刻工具的曲面。在使用滑石后进行最终抛光时，可以弯曲一小块皮革贴合圆口凿的刃口形状。

橱柜刮刀

橱柜刮刀是将木板处理平滑并最大限度消除打磨痕迹的绝佳工具。如果你发现橱柜刮刀难以研磨，那么你并不孤单。刮刀是通过珩磨后形成的细小毛刺进行刮削的。研磨刮刀的关键是避免在珩磨时将其边缘磨圆，因为圆形的边缘是不可能形成钩齿的。

首先将刮刀边缘研磨锋利，然后珩磨出毛刺。刮刀边缘的研磨角度取决于刮刀的类型及其使用

为了抛光圆口凿的刃口，可以弯曲一条皮革使其贴合刃口轮廓。

滑石的形状多种多样，可用于珩磨各种圆口凿。

研磨手锯

如果在使用手锯时保护好锯齿，并将其存放在安全的地方，手锯实际上不需要经常研磨，两次研磨之间可能间隔几年的时间。研磨手锯并非难事，但过于耗时。可以把研磨工作交给专门的研磨店，尤其是日式锯，其锯齿的几何形状复杂，非有经验的人不能进行研磨。幸运的是，许多日式锯使用的是一次性锯片，可随时更换。另外，弓锯的锯片也是一次性的，而且非常便宜。

方式。橱柜刮刀的边缘与大面成 90° 角。对于刮刨，其刨刀刃口斜面的适宜角度为 15°~20°。在抛光刮刀的大面和边缘后，使用抛光器加工出毛刺。

与其他刃口工具不同，刮刀是通过细小的毛刺进行刮削的。因此，在刮刀边缘完成抛光后，需要使用抛光器加工出边缘的毛刺。传统的抛光器只是带有手柄的硬质抛光钢棒，新式抛光器则是安装在木块或塑料块上的小型硬质合金棒。木块或塑料块可以用作夹具，以在加工毛刺时使抛光器保持正确的角度。

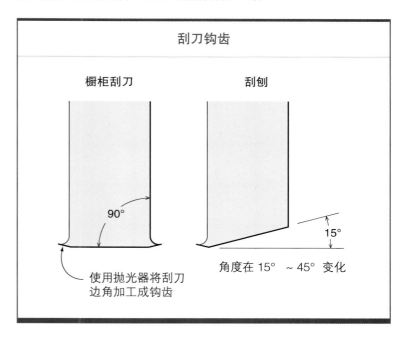

刮刀钩齿

橱柜刮刀　　　　　　　　刮刨

90°　　　　　　　　　　　　　　15°

使用抛光器将刮刀　　　　　角度在 15°~45° 变化
边角加工成钩齿

放大镜或摄影师的小型放大镜可以帮助你发现刃口上的缺陷。

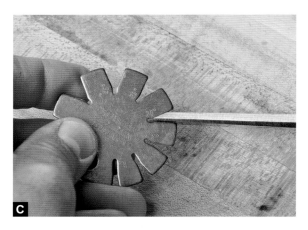

研磨示例

研磨凿子

在研磨凿子时，必须同时抛光刃口斜面和凿子的背面。此外，凿子的背面应绝对平整，因为背面经常用于引导或支撑凿切，如果背面不够平整，很容易影响凿切的准确性。

研磨分为两个步骤。首先研磨斜面，然后珩磨刃口。请记住，快速研磨可以去除大量钢材。当刃口已经损坏（图A），或者略为中空的斜面由于反复珩磨而明显磨损时（图B），快速研磨是最佳选择。同时，研磨刃口并非总是必要的。实际上，在大多数情况下，只需短短几分钟就可以用磨石将刃口研磨锋利。

研磨刃口时，注意保持刃口冷却，以免出现回火或软化钢材。如果是干磨，需要经常将工具刃口浸入水中。此外，在研磨过程中注意检查斜面角度（图C），并在必要时调整工具架。

接下来，检查工具的背面。如果该工具是最近购买的，可能需要去除磨痕；如果是旧工具，则可能需要去除表面的锈蚀痕迹（图D）。从使用粗糙的磨石开始，将工具背面整平，直至研磨出镜面光泽的表面。抛光区域不大，只需限定在距离刃口 1 in（25.4 mm）左右的区域（图E）。

下一步是珩磨刃口。注意不要过分心急和研磨过于剧烈。刃口通常在经过几次珩磨后才需要重新研磨。但如果最初磨掉的钢材过多，刃口的使用寿命就会缩短。

开始珩磨时，将斜面放在一块精细的磨石上，使刃口和斜面基部可以同时接触磨石（图F）。可以摆动调整斜面，直至感觉到刃口和斜面基部都接触到磨石。

保持手腕伸直，并以长而顺滑的笔画在磨石表面滑动斜面（图G），直至你感觉到刃口的背面出现细小的毛刺。也可以购买一个简单的导向轮，将刀片固定在特定角度进行珩磨。然后，在最细的磨石上研磨凿子的背面，以去除毛刺。斜面会在刃口和基部呈现狭窄的闪亮条带（图H）。最后，使用革砥进一步抛光刃口（图I）。

在研磨或珩磨时，观察镜或珠宝放大镜可以使你真正近距离地观察刃口。经过放大，你可以轻松发现最细微的缺陷。

研磨完成后，可以从松木或白杨木等软木材上切取薄刨花来检查刃口的锋利程度（图 J）。如果刃口足够锋利，它能干净地切断端面木纤维，整齐地呈现出木材的细胞结构（图 K）。相反地，钝化的刃口则会压碎木纤维。

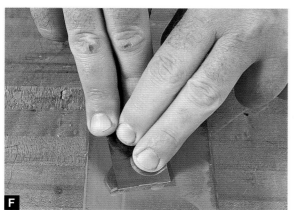

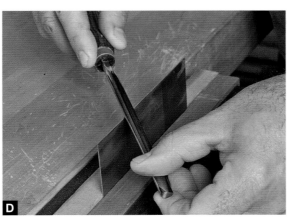

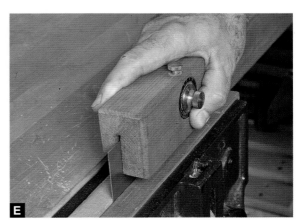

研磨橱柜刮刀

锋利的橱柜刮刀可以平滑最复杂的纹理而不会产生撕裂。秘密就在于毛刺。在产生毛刺之前，橱柜刮刀的刃口必须足够锋利且经过了高度抛光。由于橱柜刮刀是用较薄的钢材制成的，因此在珩磨过程中很容易将刃口磨圆，进而导致毛刺无法形成。

首先用平滑的扁锉锉削橱柜刮刀的刃口，去除旧的毛刺，并将刃口修整平整。要锉削刃口，需要使用磨锉技术。保持锉刀垂直于橱柜刮刀的大面和边缘，然后将锉刀向身体方向拖动或拉动（图A）。出人意料的是，经过该阶段的处理后，橱柜刮刀会获得极好的刮削效果，尽管处理后的木料表面会有些粗糙。想要获得更为干净的刮削效果，需要进一步研磨橱柜刮刀。

继续用磨石研磨橱柜刮刀的大面和边缘（图B）。为了保持边缘方正，需要大拇指用力使橱柜刮刀弯曲，在磨石上来回推动研磨（图C）。弯曲的橱柜刮刀有效地产生了较大的覆盖范围，可以防止橱柜刮刀倾斜和边缘被磨圆。

下一步是抛光。但要首先将橱柜刮刀表面残留的磨料擦掉，并在边缘滴上一滴油。油会润滑抛光器，同时使橱柜刮刀边缘更光滑。握住抛光器，使其与橱柜刮刀成5°~10°的角度，并以中等的压力下压，将抛光器推过橱柜刮刀边缘。重复几次，直到你感觉到有小毛刺出现（图D）。抛光时使用夹具可以使操作更加轻松，并保持角度始终一致（图E）。

◆ 第四部分 ◆
电动工具

台锯，第 150 页

平刨和压刨，第 170 页

带锯，第 182 页

成形机，第 201 页

电木铣台，第 211 页

钻孔和开榫眼工具，第 222 页

　　如果你曾经只用手工刨刨平粗糙的木板，那么一定会喜欢电动工具的高效。平刨和压刨省去了将一堆粗糙的木板手工刨平的麻烦。台锯可以将木料纵切或横切到所需尺寸，带锯可以锯切曲面，并将厚板重新锯切以制成完美匹配的薄板。此外，两种电锯都可以用来锯切接合件。如果能添加电木铣（或成形机）和台钻，那么你的工房配制就相当完善了。但是，电动工具并不能替代手工工具；两者是互补的关系。除了高效，电动工具带来的另一个好处是，能够为你省出更多的时间来享受细腻、细致的手工操作，例如雕刻外壳或切割燕尾榫。因此，你要充分了解可用的电动工具，以及如何在自己的工房中使用它们。

第 10 章
台锯

　　台锯是一种通用工具，是大多数木工工房的基础。它可以有效地将木料纵切和横切到所需尺寸、切割燕尾榫和榫卯等接合部件，甚至可以为内凹曲面和凸嵌板塑形。

　　台锯使用圆形锯片进行切割，该锯片安装在桌子下方的轴上。通过位于箱柜侧面的手轮，可以根据木料的厚度升高或降低锯片，甚至可以将锯片倾斜至 45° 角进行锯切。

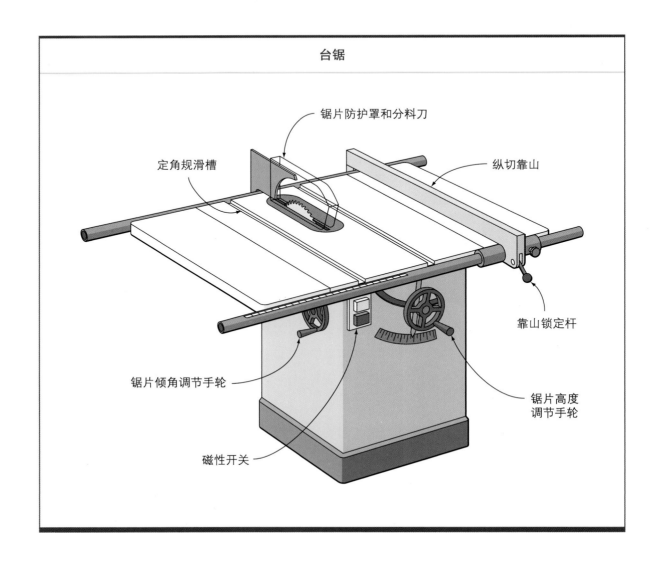

台锯

锯片防护罩和分料刀

定角规滑槽

纵切靠山

靠山锁定杆

锯片倾角调节手轮

锯片高度
调节手轮

磁性开关

为了引导木料直线通过锯片，台锯配备了靠山。靠山固定在一对导轨上，并锁定在与锯片平行的位置以进行纵切。为了横跨纹理切割木料，台锯配备了定角规。定角规通过一根钢条引导直线移动，该钢条可以在台面上铣削出的平行凹槽中滑动。定角规可以满足大多数的切割需要，但在横切宽面板，例如箱体侧面时，它会由于尺寸较小而力不从心。解决此问题的一种好方法是制造一个横切滑板夹具。

▶ 参阅第 153 页 "制作横切滑板夹具"。

尽管某些小型的桌面台锯是直接驱动的，但大多数台锯是使用皮带轮和皮带将动力从电机传递给锯片的。承包商型台锯使用单个皮带轮系统，而功能更加强大的橱柜台锯的大型电机，则配备了三联的 V 形皮带和皮带轮装置。

分料刀可以降低回抛风险。

台锯防护罩和分料刀

所有台锯最重要的安全装置是台锯防护罩和分料刀。木工机器从本质上来说都具有危险性，但与其他木工机器（例如带锯）不同，台锯易产生回抛。每当木料接触到锯片背面时，就可能发生这种现象。结果是部件被猛烈地抛向操作者。显然，如果在发生回抛时手部处于靠近锯片的位置，可能会造成严重的伤害。

幸运的是，台锯防护罩和分料刀大大降低了因使用台锯带来伤害的风险。防护罩提供了一个屏障，可以保护你的手免受锯片的伤害，而分料刀则杜绝了部件与锯片背面接触的可能。

大多数的新台锯都会配备一体式的台锯防护罩和分料刀。这种设计存在一定的局限性，因为防护罩和分料刀不能分开使用。例如在锯切凹槽时，切口不会延伸到整个部件上，那么就无须使用分离器。如果台锯防护罩和分料刀是各自独立的，那么就可以单独使用台锯防护罩，反之亦然。部件独立的防护装置提供了更大的灵活性和额外的安全性。虽然两件式的台锯防护罩和分料刀价格较贵，但额外的费用获得了更高的安全性，整

对所有台锯来说，台锯防护罩是重要的安全特征。

这种分料刀可以方便地卡入到位。

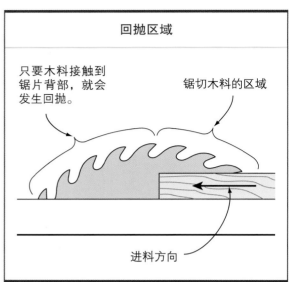

回抛区域

只要木料接触到锯片背部，就会发生回抛。

锯切木料的区域

进料方向

避免回抛

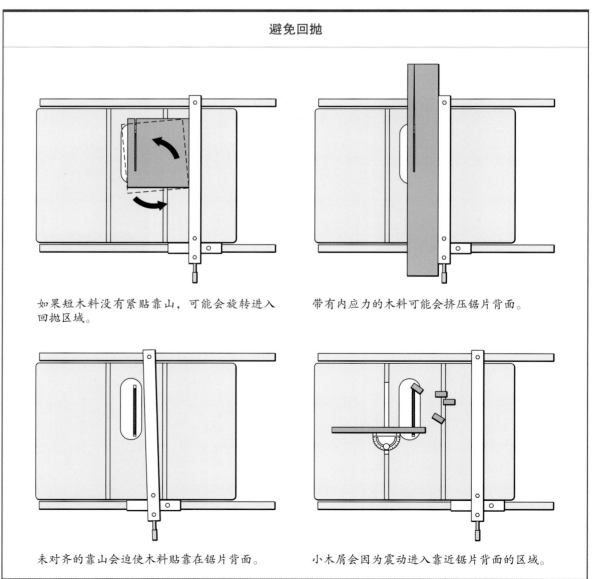

如果短木料没有紧贴靠山，可能会旋转进入回抛区域。

带有内应力的木料可能会挤压锯片背面。

未对齐的靠山会迫使木料贴靠在锯片背面。

小木屑会因为震动进入靠近锯片背面的区域。

体还是值得的。

在手容易碰到锯片的时候，应该使用推料板进料。这种简单的装置可以在锯切时使你的手与锯片保持安全的距离。可以购买商品推料板，也可以自己制作。在台锯上切割凹槽和完成其他非常规操作时，推料板也很有用。

锯切具有内应力的木料也会导致回抛。随着木料的锯切，应力得以释放，部件可能会受到挤压而贴在锯片上。分料刀有助于解决此问题，但最好的解决方案是避免纵切存在内应力的木料。木节周围的区域会夹住并束缚锯片。可以使用带锯纵切存在问题的木板，因为来自带锯锯片的力会将部件向下推，使其抵靠在台面上，因此，即使锯片贴在木料上，木料也不会回抛。

▶ 制作横切滑板夹具

使用定角规横切宽板是很困难的。因为定角规的头部太小，无法支撑面板，同时安装在滑槽中的钢条也太短了。一种经济实惠的解决方案是，制作一个横切滑板夹具。横切滑板夹具有两个滑轨和一个用于支撑面板的宽阔表面。

首先，将一块 ¾ in（19.1 mm）厚的胶合板锯切到与台锯台面相同的尺寸，作为底座。接下来，铣削一对能够与台锯的定角规滑槽紧密匹配的导向条。为了固定导向条，应先将其放入定角规滑槽中，将胶合板底座放在上面，然后用几根小钉子将胶合板钉在导向条上。为了确保将滑板锯切方正，需要将胶合板的边缘与台面边缘对齐。现在，将滑板组件倒置，并用埋头螺丝永久固定导向条。

接下来，在底座的前缘和后缘安装较大的挡条。背缘的挡条将在横切过程中支撑部件，两根挡条都会进一步加固滑板组件。挡条要足够大，以确保锯片在横切 1 in（25.4 mm）厚的面板时不会切穿挡条。为了安全，还要在滑板的顶部安装一个塑料防护罩，并在锯片可能切透背面的位置固定一块厚木块。最后，测试滑板，以确保它锯切得足够方正，如有必要，可以拧松固定后缘挡条的螺丝进行调整。

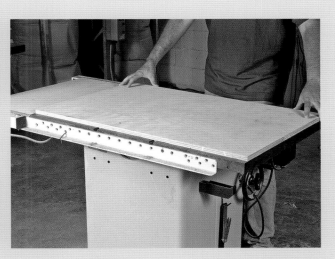

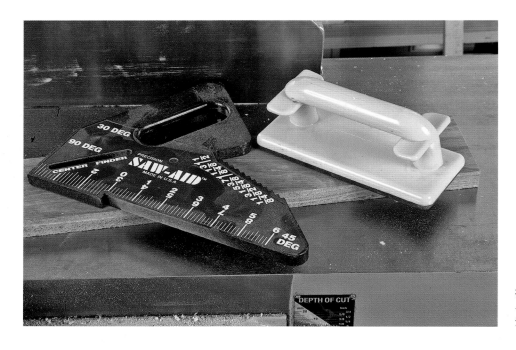

推料板可以使手
与锯片之间保持
安全距离。

台锯的靠山没有对齐也可能导致木料回抛。正确对齐的靠山应与锯片平行。如果靠山的后端比前端更靠近锯片，就会出现问题。

在横切时，切勿使小木屑在靠近锯片背面的区域堆积，也不要试图用铅笔或木棒将木屑推离锯片。应该在完成几次切割后，关闭电锯的电源进行清理，之后再打开电源继续锯切。

此外，还要避免锯切短木料。所有长度小于12 in（304.8 mm）的木料很容易被卡住并回抛。同样不要纵切宽度超过自身长度的木料，因为没有足够的支撑面可以抵靠在靠山上来引导木料通过锯片。合理的做法是，先纵切长木料，然后再将其横切到所需的长度。最后，在使用所有电动工具时，始终佩戴护目镜和护耳装置。

在使用电动工
具时，务必佩
戴安全装备。

> ### 台锯安全指南

- 务必阅读并遵循制造商的说明。
- 禁止徒手锯切。应始终使用靠山、定角规或固定在靠山或定角规滑槽中的夹具。
- 尽可能使用分料刀。
- 始终使用锯片防护罩。
- 在纵切窄木料时使用推料板进料。

锯片

所有锯子的核心都是锯片。优质的锯片可以使普通的锯子具有更高的精度和更好的性能，而配备低质量的锯片时，即使优质的锯子也会令你失望。现在，锯片类型、齿磨类型和钩角类型都很多，锯片的选择需要整体权衡。例如更多的锯齿能够产生更平滑的切面，但这样的锯片需要更大的动力来驱动，并且容易灼烧木料。此外，精度通常比平滑度更重要。无论机器锯切得多么平滑，都必须通过手工刨削、刮削、打磨，或者同时使用这三种方法来去除机器加工的痕迹，这一点很重要。了解相关的术语和锯片的设计，才可以在购买锯片时做出最佳决定。

锯齿

现在，硬质合金已经基本取代了钢材作为锯齿材料。原因很明显：硬质合金要比普通钢材硬得多，并且锯齿刃口的使用寿命延长了 20 倍。在制造过程中，将硬质合金齿尖钎焊接到钢制主体上后，再进行研磨，以提高锯齿的性能和锋利程度。锯齿数以及每个锯齿的表面和顶部的研磨角度对锯片的性能具有深远的影响。锯片制造商在不断地尝试不同的研磨方案和研磨方案的组合。最常见的是平顶斜面（FTB）、交替顶斜面（ATB）和耙齿交替顶斜面（ATB & R）锯齿。这些术语均指每个锯齿顶部的研磨角度或刃口斜面角度。由每个锯齿的齿面与从锯片中心延伸出的假想线相交形成的角被称为钩角。钩角的范围从 20° 到 -5° ，可以限制使用斜切锯和摇臂锯时木料上滑的趋势。

平顶研磨得到的是方正的锯齿。为了快速有效地锯切，制造商会在直径为 10 in（254.0 mm）的锯片上使用 20° 的大钩角、平顶研磨的锯齿和较少的齿数（约 24 个锯齿）。纵切需要更大的动力，因此，齿数较少的锯片比齿数较多的锯片更节省动力。这种锯片齿间具有较大的齿槽空间，可以有效地将锯末从锯缝中移出。

干净的横切需要截然不同的设计。与木料接触的锯齿越多，切面就越平滑。因此，横切锯片具有多达 80 个锯齿。为了锯切坚硬的端面木纤

为了获得最佳性能，要为机器配备优质锯片。

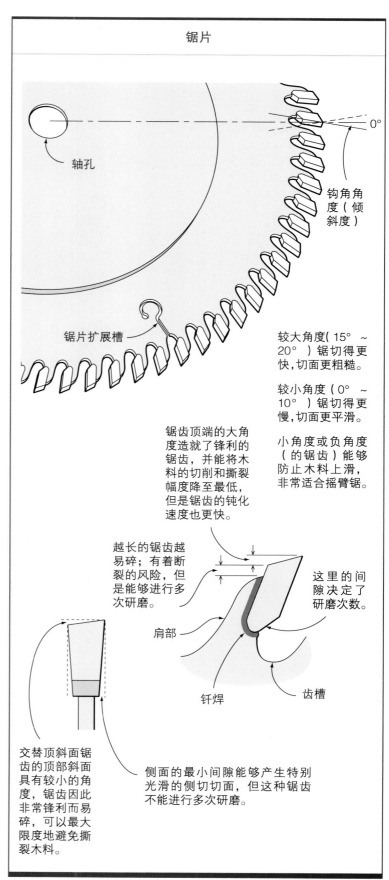

锯片

轴孔

钩角角度（倾斜度）

0°

锯片扩展槽

较大角度(15° ~ 20°)锯切得更快，切面更粗糙。

较小角度（ 0° ~ 10° ）锯切得更慢，切面更平滑。

小角度或负角度（的锯齿）能够防止木料上滑，非常适合摇臂锯。

锯齿顶端的大角度造就了锋利的锯齿，并能将木料的切削和撕裂幅度降至最低，但是锯齿的钝化速度也更快。

越长的锯齿越易碎；有着断裂的风险，但是能够进行多次研磨。

这里的间隙决定了研磨次数。

肩部

钎焊

齿槽

交替顶斜面锯齿的顶部斜面具有较小的角度，锯齿因此非常锋利而易碎，可以最大限度地避免撕裂木料。

侧面的最小间隙能够产生特别光滑的侧切切面，但这种锯齿不能进行多次研磨。

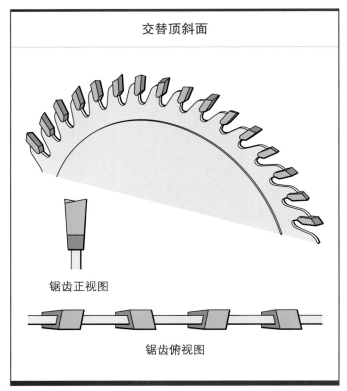

交替顶斜面

锯齿正视图

锯齿俯视图

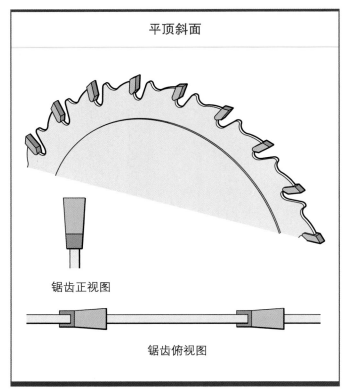

平顶斜面

锯齿正视图

锯齿俯视图

维，需要在锯齿的顶部斜面研磨出类似刀具的刃口。沿相反的方向研磨交替的锯齿，并以5°角研磨锯齿的表面。

组合锯片是介于快速锯切的纵切锯片和切口平滑的横切锯片之间的折中方案。像横切锯片一样，组合锯片通常采用ATB研磨技术，能够在横切过程中干净利落地切断木料，偶尔也会使用平顶耙齿，以便在纵切过程中清理路径。大多数组合锯片具有50个锯齿，这同样是折中的结果，并且锯齿以4~5个ATB锯齿和1个耙齿的组合方式分为10组。各组锯齿之间有大齿槽，便于在纵切过程中排出木屑。

对于台锯这种多功能机器上，我最喜欢用的就是组合锯片。组合锯片在纵切和横切方面都表现出色，同时省去了花费大量时间更换锯片的麻烦。你可能会发现，当锯切大量的高密度硬木，例如橡木或枫木时，台锯容易出现过热的情况。更换为纵切锯片可以解决这个问题。一些制造商吹捧他们的锯片切面光滑，但是，在制作家具和其他精美的木制品时，最重要的是通过刨削、刮削、打磨，或三者结合的方式去除所有的锯痕。因此，对大多数木匠来说，根本没必要为了所谓

的"极致光滑"高价购买最昂贵的锯片。同时，也要避免使用许多家居中心出售的低端的自制锯片。较低的价格是因为这些锯片使用的是劣质的硬质合金和容易变形的冲压锯身。购买这样的锯片长远来看是不划算的。

薄壁锯片

薄壁锯片锯切出的切缝比标准锯片的略窄，实际上并没有节省大量木材。不过，薄壁锯片比标准锯片需要的动力更少。因此，在需要锯切一大堆硬枫木时，你会感觉台锯的功率似乎增加了。但是请注意，狭窄的锯缝更容易导致木料贴靠在分料刀上。

为了进行精确横切，我坚持使用标准锯片，因为薄壁锯片的锯身常常会在切割中偏斜，从而影响锯切的精度。

开槽锯片

开槽锯片能够锯切出宽缝，常用于制作接合件，例如在接头上制作纵向槽、横向槽，或通过

开槽的方式制作榫头。开槽锯片有两种类型，摇摆式和堆叠式。摇摆式开槽锯片通过旋转头部的侧面楔形垫圈来调整凹槽的宽度。由于采用了这种不寻常的设计，这种廉价的开槽锯片切割出的凹槽带有圆底痕迹，因此不是精加工的选择。

堆叠式开槽锯片是最好的设计。这种开槽锯片包含两个外部锯片和削片器，一组刀头被安装在外部锯片之间的锯轴上。通过改变削片器的数量，凹槽的宽度可在 $1/4 \sim 13/16$ in（6.4~20.6 mm）之间变化。

当你在锯轴上安装开槽锯片时，最重要的是交错安装削片器，以免其碰到硬质合金齿尖。此外，当需要研磨开槽锯片时，请将整套锯片带到研磨店。当研磨硬质合金齿尖时，所有削片器和两个外部锯片应保持同心状态。

为了使用开槽锯片，你需要从锯片制造商处购买特殊的喉板。它有一个宽大的开口，足以容纳开槽锯片的头部。此外，大多数售后的台锯防护罩都带有宽围板，可以提供额外的安全保护。不幸的是，许多新台锯配备的防护罩不够宽大，不适合安装在开槽锯片上。

台锯的调整

花几分钟时间调整台锯，就可以获得更安全

的锯切过程和更平滑的切面。为了获得最佳性能，锯片和靠山应与定角规的滑槽平行。首先检查锯片，然后检查靠山的对齐情况。

定期检查皮带张力是必要的。随着皮带的磨损，它们会趋向于伸展，台锯的动力传送也会逐渐变弱。最后，检查 90° 和 45° 的锯片限位块。每块限位块都带有搭配防松螺母的螺栓，以将其锁定到位。限位块可能已经因为震动而超出了可调节的范围，但仍需要清理，因为只有压实的木屑才会导致问题。

在台锯上制作多个接头时，堆叠式开槽锯片非常有用。

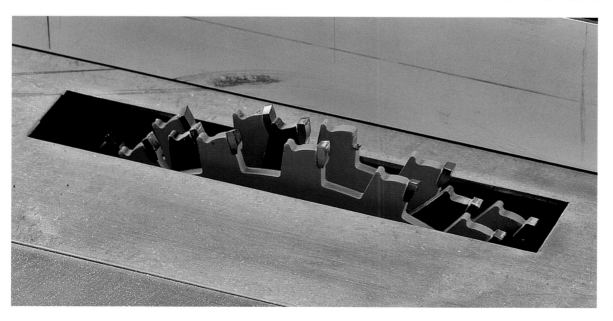

在台锯上使用开槽锯片时，需要准备一块开口较大的特殊喉板。

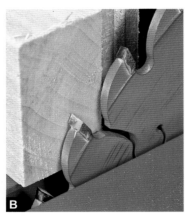

准备工作

检查锯片对齐情况

为了平稳、安全地锯切，台锯锯片必须与靠山平行。首先检查锯片。要检查对齐情况，应先横切一根新的木条固定在定角规上。在拧紧木工夹之前，将木条的末端小心地抵住锯齿（图A）。为了精确，请选择一个指向木条的锯齿（图B）。接下来，向着锯片背面滑动定角规和木条，检查指向木条相同方向的第二个锯齿（图C）。如果测量结果有差异，可以松开将台面固定到台锯底座的螺栓并重新定位台面来纠正问题。同样，为了使这种对齐技术发挥作用，定角规必须牢固地安装在滑槽中，且锯片表面必须平整。

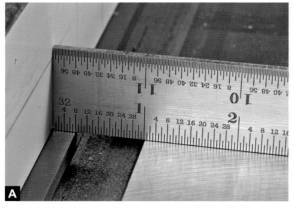

对齐靠山

在确定锯片与定角规滑槽平行后（参阅上述内容），将靠山锁定在距离其中一个滑槽较近的位置。用精确的刻度尺测量距离（图A）。喷涂刻度的尺子（例如卷尺）缺少测量所需的精度。分别测量靠山的前端（图B）和后端（图C）与锯片的距离。如有差异，可以对靠山的锁定机械进行调整，以消除任何测量差异（图D）。

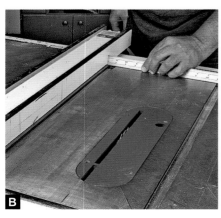

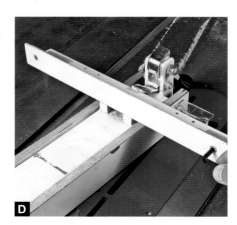

更换锯片

更换台锯锯片，应首先断开机器电源。由于台锯通常没有主轴锁，因此在卸下主轴螺母时需要为锯片提供支撑。一块木块足以支撑锯片，并且不会损坏脆弱的硬质合金锯齿（图 A）。用一只手扶稳木块，同时用另一只手将主轴扳手向身体的方向拉动（图 B）。

保持锯齿朝向身体安装锯片，然后将垫圈滑入到位（图 C）。首先用手拧紧主轴螺母，然后将主轴扳手靠在台面上，小心地抓住锯片，将其朝身体方向拉紧，使其紧贴垫圈（图 D）。

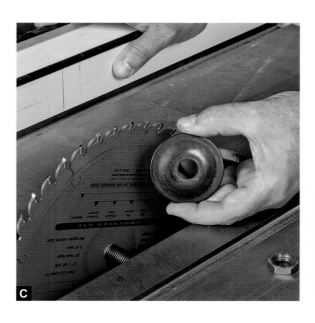

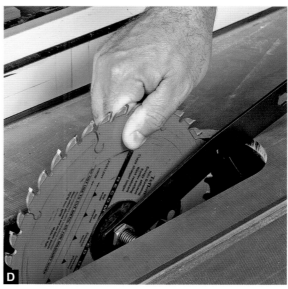

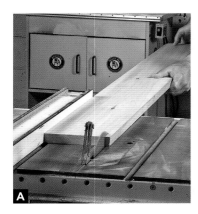
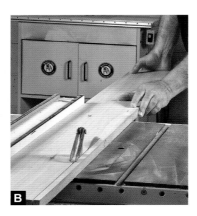
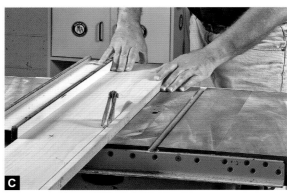

纵切至所需宽度

纵切是沿纹理方向切割一张木板以减小其宽度的过程。这是一种常用技术，用于在锯切接合件和修整之前确定部件尺寸。

在纵切之前，应使用平刨或台刨将木料的一侧边缘刨平刨直。将靠山设置到位，然后将木料刨直的边缘抵靠在靠山上。用一只手推动木料进料，用另一只手保持木料抵紧靠山（图A）。在向前推动木料进料时，可以稍做停顿以调整手的位置（图B）。当切口接近末端时，确保双手离开锯切路径（图C）。对于宽度小于6 in（152.4 mm）的木板，应使用推料板进料，将木料推过锯片（参阅本页"纵切窄木板"）。

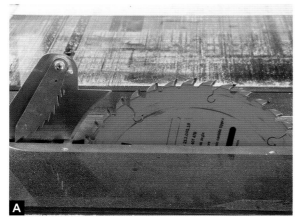

纵切窄木板

在台锯上纵切窄木板面临两个挑战：一是保持准确一致的木板宽度，二是避免木板回抛。窄木板的回抛速度要比大木板快得多。为了安全纵切窄木板，应始终使用分料刀（图A）和推料板。进料时要在锯片前方而不是与锯片相邻的位置保持压力（图B），使木板顶紧靠山。同时，利用推料板向部件施加向前的推力（图C）。随着木料末端接近锯片，仅用右手继续推动进料（图D），直到将部件推到锯片和分料刀之外。

使用台锯横切

　　使用台锯横切木料通常需要用到定角规。在切割木料之前，最好先进行试切，以检查定角规的垂直度。

　　为了更好地支撑木料，我在定角规的表面固定了一块支撑板（图 A）。接下来，在支撑板上锯切一个切口（图 B）。将画线与切口对齐（图 C）。现在，用一只手握住木料，另一只手握住定角规进行锯切（图 D）。如果需要锯切多块长度相同的木料，可以在支撑板的另一端固定限位块，以确保锯切一致（图 E）。

> ⚠ **警告**
> 　　切勿使小木屑在锯片背面聚集。应定期关闭台锯并清理木屑。

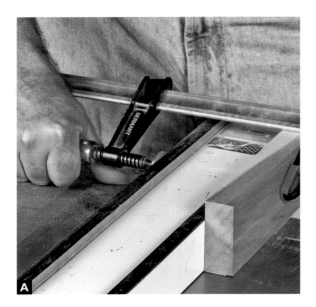

横切短木料

出于安全考虑，请务必从较长的木料上横切得到较短的部件，使你的手与锯片保持距离。永远不要将靠山当作限位块使用，因为这容易使木料贴在锯片和靠山之间，并发生回抛。应该在锯片前方几英寸的位置把厚木块固定在靠山上充当限位块（图A）。进行锯切时，先将木料抵靠在限位块上（图B），然后再进行横切（图C）。在锯切过程中，应适时地停止锯切，将木料从台面取下（图D）。

限位锯切

限位锯切是一种在到达木料末端之前停止锯切的操作，常用于为橱柜底座制作切口（图A）。首先，在部件上画出切割线。然后将木料放在锯片附近，升起锯片，使锯齿刚好能够锯切到木料（图B）。接下来，将靠山放在锯片旁，标记锯片进入和离开台面的位置（图C），然后将靠山固定在限位锯切对应的宽度位置（图D）。锯切之前，需要降低锯片的整体高度。将部件上的切割线与靠山后端的标记线对齐（图E），并将限位块固定在靠山上（图F）。

> ⚠ **警告**
>
> 切勿尝试将部件放低到旋转的锯片上来完成限位锯切。应始终通过升高锯片锯穿部件的方式进行操作，并使用限位块防止部件回抛。

现在开始锯切。将部件抵紧限位块，同时将部件牢牢固定在台面上，然后升起旋转的锯片，直至其切入木料中（图G）。平稳进料，直到木料上的画线与靠山上的第二条线对齐（图H）。请记住，锯片在木料下表面的切割距离比在画线所在的上表面的切割的距离更长。最后，在部件的每一端横切以完成整个锯切过程（图I）。

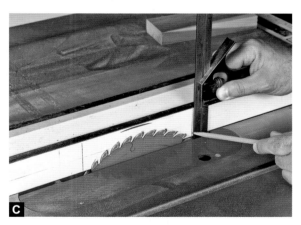

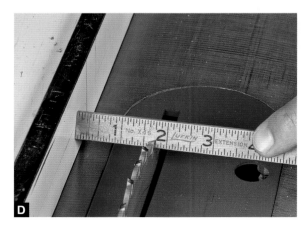

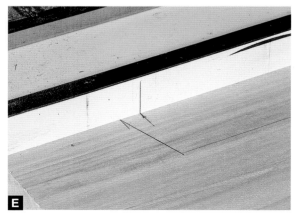

用台锯锯切榫头

榫卯接合件是制作门框、橱柜甚至椅子时最牢固的接合方式。榫头的颊面提供了足够的胶合表面，并且榫肩具有很强的抗扭曲能力（图A）。

首先断开台锯电源，安装开槽锯片（图B）。接下来，设置好开槽锯片的高度，先锯切掉榫头侧面的木料（图C）。为了保证锯切精度，可以将靠山用作限位块。只需将榫肩线与开槽锯片的最外沿对齐，并将靠山锁定到位（图D）。

从木料端面开始锯切（图E），使用定角规引导木料，进行一系列略有重叠的横切（图F）。将木料端面抵紧靠山可以精确锯切榫肩（图G）。接下来翻转木料，重复该过程继续锯切榫头的另一面（图H）。最后，将榫头插入榫眼中检查接合件的匹配情况（图I）。如有必要，可以用榫肩刨修整榫头。

➤ 参阅第 93 页 "制作榫卯接合件"。

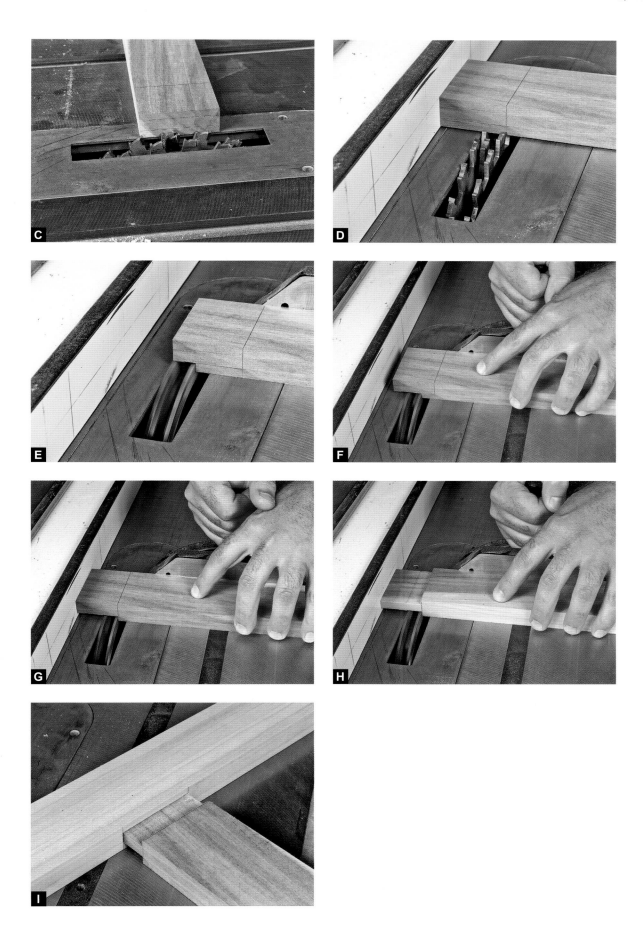

用台锯锯切燕尾榫

与榫卯接合件一样，燕尾榫也是使用广泛的接合件。可以完全手工切割燕尾榫，也可以使用台锯锯切燕尾头，使用手工工具切割插接头。这种方式加快了操作速度，并仍能制作出"手工切割"的外观。

首先画出燕尾头的轮廓线和榫肩线。接下来，将台锯锯片倾斜到所需的角度（在此示例中，倾斜角度为14°）。为了引导木料，可以在定角规上安装一块支撑木板，然后将一块更高的木板夹紧固定在支撑木板上，以90°角支撑部件完成每一次锯切（图A）。然后翻转部件完成另一侧的锯切（图B）。

下一步是锯切燕尾榫肩。将锯片恢复到垂直于台面的位置，并将其高度降低到几乎与燕尾榫肩基部相同的高度。由于锯片的角度和厚度，你无法一直锯切到榫肩的转角处。将限位块固定在定角规上以引导锯切（图C）。后续的每次锯切都要与初始的切割线对齐。最后，用锋利的凿子将榫肩的内角修整方正。

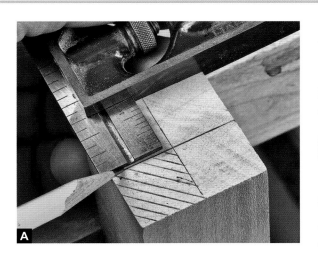

用台锯锯切锥度支撑腿

在各种风格的家具中都可以发现锥度支撑腿的存在。在锯切出锥度支撑腿后，可以使用台刨快速刨平其表面。

➤ **参阅第 126 页"刨削锥度桌腿"。**

首先在部件表面画线，并用阴影线标记要锯掉的部分（图A）。然后，在支撑腿表面标记锥度的起始点（图B）。接下来，画线标记夹具的位置。夹具只是一块 ¾ in（19.1 mm）厚的胶合板，其长度足以涵盖支撑腿，其宽度足以使手与锯片保持安全距离，至少 6 in（152.4 mm）的距离。

将支撑腿放在胶合板上，将支撑腿的底部画线（图 C）和锥度起始点（图 D）标记在上面。现在，画出支撑腿的轮廓线，并用带锯沿画线锯切出一个可以将支撑腿装入的凹槽（图 E）。

现在锯切锥度轮廓。将靠山设置在夹具全宽度的位置（图 F）。将支撑腿插入夹具的凹槽中，纵切第一个锥度面（图 G）。之后将支撑腿旋转90°，纵切相邻的第二个锥度面（图 H）。

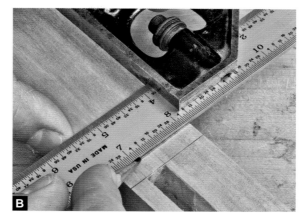

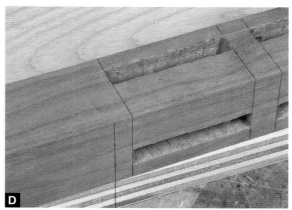

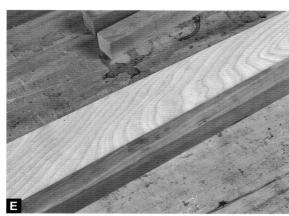

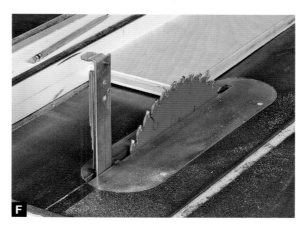

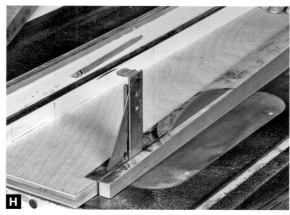

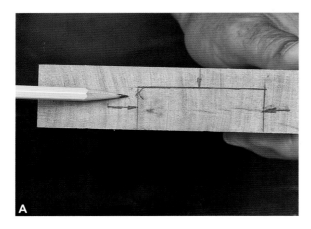

A

B

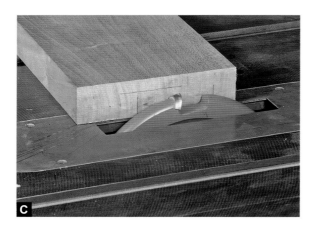

C

用台锯锯切内凹曲面

台锯最有用的功能之一是锯切内凹曲面。思路很简单，以一定角度进行一系列的锯切，从而制造出一个椭圆形的凹面。这是一种有效且经济的方法，可用于为几乎所有尺寸的装饰件和家具部件制作凹面。凹面的深度由最终锯切时的锯片高度决定，而凹面的宽度则由靠山的角度决定。

首先在部件的两端分别标记出凹面的宽度和深度（图 A）。可以使用锯片锯切出凹面（纵切锯片或开槽锯片效果最好），但是专门设计的凹面刀头可以切割得到更为光滑的表面（图 B），几乎不需要后期的打磨。接下来，调整刀头或锯片的高度，使其与凹面的深度相等（图 C）。

接下来把靠山固定在正确的角度（图 D）。看起来确定正确的角度似乎很难，但实际上并非如此。以木料上的画线为参考定位靠山的位置，使刀头从凹面的一侧边缘切入（图 E），并从凹面的另一侧边缘退出（图 F）。

木匠们对将靠山设置在锯片的正面还是背面意见不一。我更喜欢将靠山放置在锯片的背面，因为这样在进料时，便于推动部件抵紧靠山。当靠山位于锯片正面时，容易将部件推离靠山，从而破坏锯切。为了保险，你可以使用双靠山，只需将第二个靠山平行于第一个靠山放置（图 G）。使用坚硬的木料制作靠山，并将其牢牢固定在台锯的台面上。

将靠山固定到位，开始锯切凹面。降低锯片进行一系列的浅切（图 H）；使用推料板进料，并在每次锯切时将锯片抬高约 $1/16$ in（1.6 mm）（图 I）。在最后一次锯切时，要非常缓慢地进料，以最大限度地减少后期的打磨（图 J）。

⚠️ **警告**

在使用台锯锯切凹面时，应以多次浅切的方式锯切，尤其是进行最后几次锯切时。

靠山与锯片的夹角较小；凹面近似于圆形。

靠山与锯片的夹角适中；凹面收窄，略呈椭圆形。

靠山与锯片的夹角较大；凹面变得非常狭窄，呈椭圆形。

D

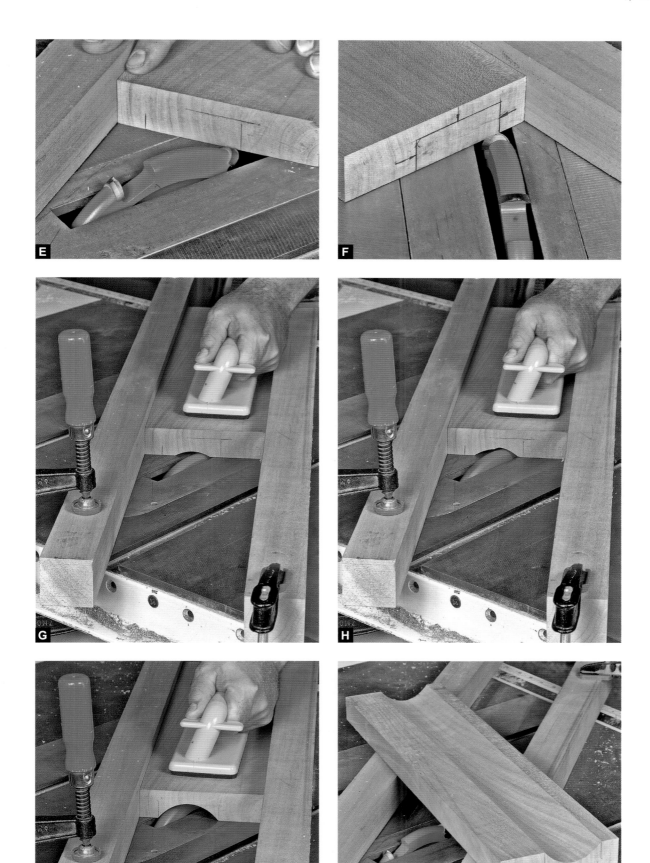

第 11 章
平刨和压刨

平刨和压刨作为一组工具配合使用，可以将木料刨平、刨直、刨削至最终尺寸。平刨用于刨平木板的一个大面，并刨直其一条边缘，压刨则用于将木板刨削至最终厚度。请记住，除非先将木料的一个大面刨平，否则压刨是不能消除木板的扭曲或翘曲的。

平刨

平刨本质上类似于一个倒置的手工刨，用于整平木板的大面和边缘。将木料放在进料台上，将其推过刀盘后，由出料台支撑木料。这两个台面彼此平行，但高度略有差别。用手轮或调节杆降低进料台的高度可以增加刨削深度。在用平刨整平木板的一个大面和一条边缘后，可以该面和该边缘作为基准，将木板刨削至最终厚度，纵切至所需宽度。

尽管许多旧式平刨都将强力的电机直接安装在刀盘轴上，但现在的大多数平刨都是通过皮带轮系统驱动的。所有的平刨都有靠山，可以在刨直边缘时支撑木料。随着刀具钝化，可以沿刀盘重新定位靠山，以露出磨损较轻的区域。尽管可以倾斜靠山获得斜切的边缘，但以这种方式使用平刨无疑是低效的，因为部件很容易沿靠山滑动，从而破坏切割角度。使用台锯锯切出斜面，并用台刨将切面处理平滑则要容易得多。

图中这款平刨具有16 in（406.4 mm）的超大加工能力和直驱电机。新型平刨具有皮带轮驱动系统。

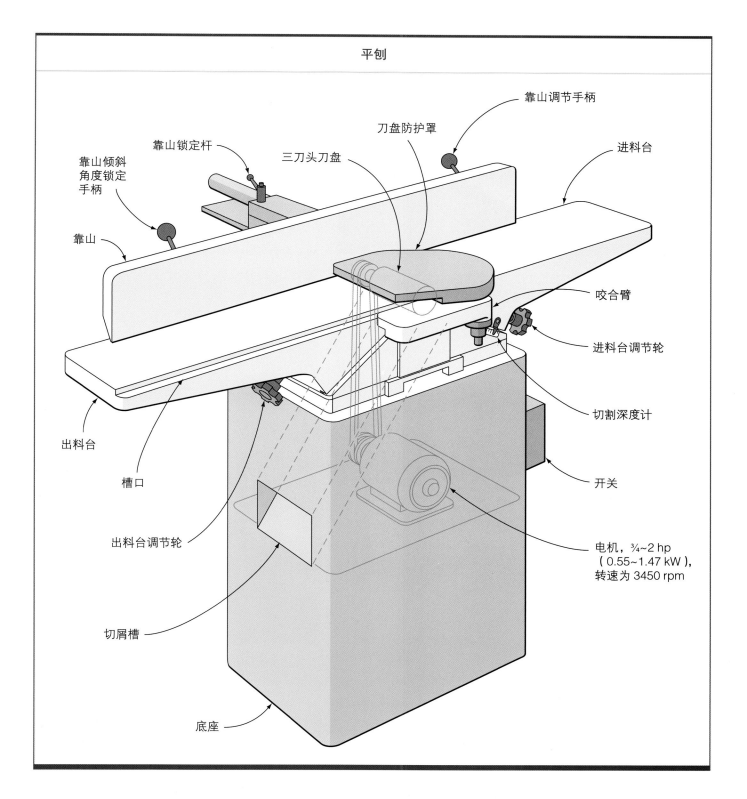

平刨

靠山调节手柄

刀盘防护罩

靠山锁定杆

三刀头刀盘

进料台

靠山倾斜
角度锁定
手柄

靠山

咬合臂

进料台调节轮

切割深度计

出料台

开关

槽口

出料台调节轮

电机，¾~2 hp
（0.55~1.47 kW），
转速为 3450 rpm

切屑槽

底座

平刨的尺寸

6 in（152.4 mm）规格的平刨很普遍，但如果需要加工宽大的木板，则需要一台与压刨尺寸更接近的平刨。请记住，先用平刨将木料整平

再将其刨削至所需厚度是很重要的。如果预算充足，可以购买一台 8 in（203.2 mm）或 12 in（304.8 mm）规格的平刨。如果没有预算，那么仍然可以使用台刨刨平宽板。

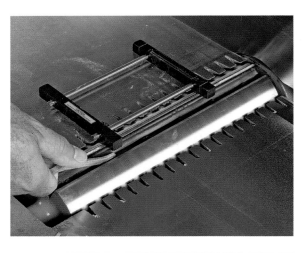

将所有平刨的刀头设置在相同的高度，这对机器的操作性能而言至关重要。磁性夹具可以使这项工作变得更加容易。

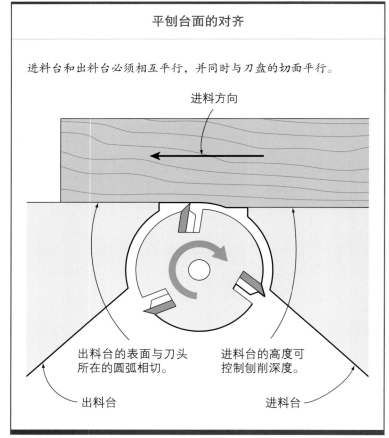

平刨台面的对齐

进料台和出料台必须相互平行，并同时与刀盘的切面平行。

进料方向

出料台的表面与刀头所在的圆弧相切。

进料台的高度可控制刨削深度。

出料台　　　　　　　　进料台

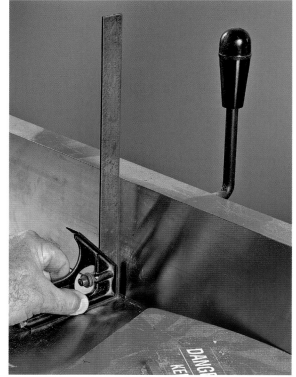

使用优质的组合角尺或机械师角尺帮助设置平刨的靠山，使其与台面精确垂直。

平刨的调整

　　与压刨不同，平刨不需要很多调整。为了切割得准确且平滑，保持刀刃锋利很重要。无论是安装新刀头还是经过研磨的刀头，刀头在刀盘中的高度都必须相同。磁性夹具可以使这项工作变得更加容易。另一个重要的调整是出料台的高度，

应将出料台设置在与刀头的切割弧线平齐（或相切）的位置。

　　在刀盘中安装新刀头后，可能需要对出料台进行微调。如果出料台过低，那么在刨削即将完成时，刀头拖尾，从而刮坏木板的末端；如果出料台过高，则会切割出逐渐外凸的表面或边缘。所以，应将出料台设置在正确的高度并牢牢锁定。在研磨或更换刀头之前，永远不必调整出料台。最后，检查靠山与台面是否垂直。

压刨

压刨用来将木料刨平并刨削至最终厚度。尽管可以使用台刨手工完成此操作，但使用压刨可以在几分钟内完成任务，这同样是有意义的。但请务必记住，压刨不能消除木板的翘曲。因此，必须先使用平刨或台刨完成木板前期的刨平、刨直操作。

在早些时候，压刨因为体积庞大、笨重且昂贵，使许多木匠没有机会使用它们。幸运的是，现在有很多 12~15 in（304.8~381.0 mm）的压刨可供选择，它们牢固、小巧且价格合理，普通的木匠完全可以承担。尤其是很受欢迎的台式型号，它们非常轻巧便携，且仍能进行有效的刨削。

压刨如何工作

压刨具有进料辊、底辊、压力杆、断屑器和刀盘系统，因此它是最复杂的木工机器之一。在将木板刨削至均匀且精确的厚度的过程中，压刨的每个部件都发挥着重要作用。调整压刨也很重要。在调整过程中，压刨的每个部件都必须相对于刨身或刀盘进行精确调整。幸运的是，只要花几分钟时间熟悉各个部件的结构及其功能，调整压刨并不难。

压刨是一种能够有效整平木料的大功率木工机器。

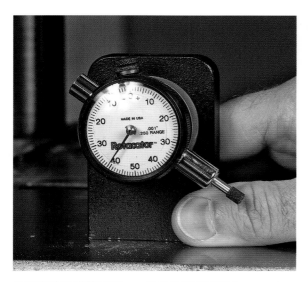

为了有效地调整压刨，一块千分表必不可少。

台式压刨轻巧便携，且价格实惠。

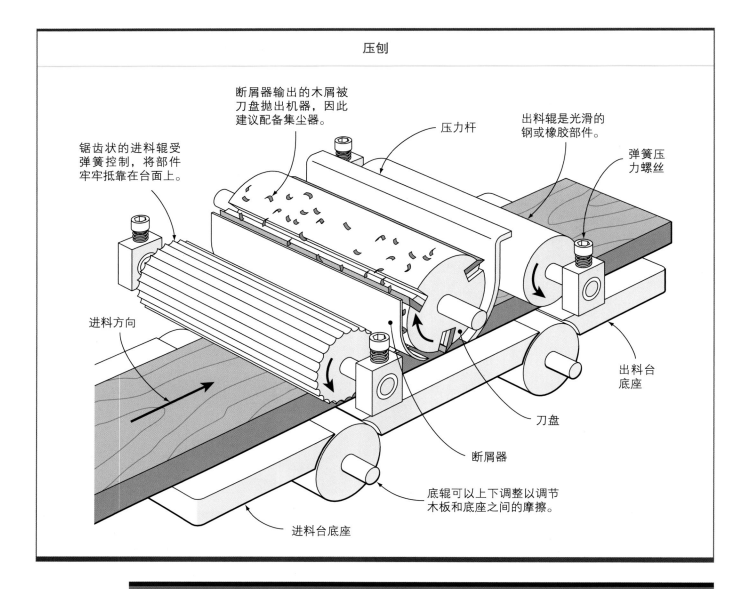

压刨

断屑器输出的木屑被刀盘抛出机器，因此建议配备集尘器。

压力杆

出料辊是光滑的钢或橡胶部件。

弹簧压力螺丝

锯齿状的进料辊受弹簧控制，将部件牢牢抵靠在台面上。

进料方向

出料台底座

刀盘

断屑器

底辊可以上下调整以调节木板和底座之间的摩擦。

进料台底座

压刨问题解析

尽管压刨使用中可能存在很多问题，但大多数问题都很容易解决。以下是常见问题和解决方案的列表。

问题	原因	解决方法
木料表面存在凸脊	刀刃上存在缺口	1. 将一个刀头向左或向右移动 2. 研磨刀刃
木板停留在压刨中	1. 压力杆太低 2. 底辊太低 3. 进料辊的压力不足	1. 调整压力杆的高度 2. 调整底辊的高度 3. 增加进料辊弹簧的张力降低进料辊。
木料表面出现灼痕或磨痕	刀刃太钝	研磨刀刃
木料表面的凸脊粗糙且不规则	压力杆未将木料压向桌面	增加弹簧张力或降低压力杆
木板在压刨上沿对角线转动	进料辊压力不均衡	调整进料辊

大多数台式压刨配有刀盘锁，以最大限度地减少啃尾。

压刨的刀头一旦开始出现磨损和钝化，就必须更换。

压刨的刀盘上通常装有 3 个刀头，但是大型工业压刨会有 4 个刀头，而小巧的台式型号通常只有 2 个刀头。为了获得光滑的表面，需要定期更换刀头，这取决于压刨的使用频率。当进料辊移动部件通过压刨时，铸铁台面会支撑着它。进料辊是锯齿状的，可以牢固抓住粗木料。为避免损坏刚刨削好的木料表面，出料辊应为精加工或者覆有橡胶涂层的钢材。在木板短时通过机器时，位于进料辊下方的底辊可以帮助减少摩擦。

当刀头刨削出刨花时，弹簧驱动的断屑器会将压力施加到木板上以"断开"木屑，从而防止撕裂木纤维。断屑器的弧形轮廓还可以使木屑转向集尘器。压力杆上也装有弹簧，当刀头接触木料时，弹簧有助于防止木板"颤动"或震动。

电机利用皮带轮系统向刀盘和进料辊提供动力。通过齿轮减速装置降低进料辊的转速。

大多数台式压刨具有刀盘锁，可以防止切断木料末端（啃尾）。不要忘记使用集尘罩。如果你的压刨不是标准配置，集尘罩是值得购买或自行制作的配件。

不论外观如何，刚刨削过的木板并不是真正平整的，而是存在着一系列的凸脊，这是每个刀头"咬"过木板的痕迹。凸脊的间距随着刀盘的

所有压刨都必须配备集尘装置。

转速和进料速度而变化。较慢的进料速度和（或）较快的刀盘转速会减小凸脊的间距。有些压刨具有两种进料速度——较快的进料速度可以有效地刨削，而较慢的进料速度可以将木料表面处理得更加光滑。我选择较快的速度，因为我总是使用台刨将每块木板表面刨削光滑，所以凸脊的间距并不重要。

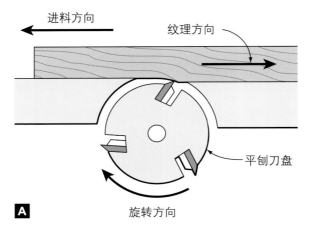

进料方向

纹理方向

平刨刀盘

旋转方向

A

B

C

使用平刨

刨平大面

在将粗材刨削至一定厚度之前，应首先将其一个大面刨平。请记住，压刨不能消除木板上的翘曲，它只能将木板表面刨削光滑，并减小木板厚度。平刨就像一台大型的台刨。因为平刨和压刨是配套使用的，所以平刨的尺寸规格最好能与压刨匹配。

首先将刨削深度设置为 $1/32$ in（0.8 mm）。沿边缘和端面检查木板，以确定其是否存在翘曲，这是必要的。始终刨削沿木板长度方向内凹的大面。如果尝试刨削外凸的大面，木板会在进料过程中被沿弧度方向刨削，这样永远不会得到平整的表面。此外，还要检查木板的纹理方向，以确定推动其通过刀头的最佳方式（图A）。将木板放在进料台上，并使用推料板下压，使其紧贴台面（图B）。使用推料板进料，并引导木板通过刀盘（图C）。在推动木板通过刀盘时，将所有向下的压力转移到出料台上（图D）。如果允许木板在出料台上升高，即使是稍微升高，也会导致木板呈现凸面而不是平直表面。你会注意到，木板在经过第一次刨削后，其两端都会被额外切掉一些，因为平刨是沿直线路径刨削的（图E）。通常再进行一两次刨削，就可以完成操作（图F）。

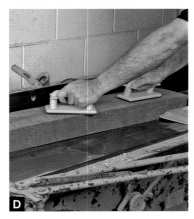

D

E

F

用平刨刨削锥度桌腿

可以使用平刨从锥度的起始点开始进行数次刨削，得到锥度桌腿。首先在锥度起始处标记一条线（图 A）。接下来，将切削深度设置为 $1/16$ in（1.6 mm），并将锥度起始线放在稍稍越过刀盘弧度顶点的位置（图 B）。现在，在进料台一侧固定一个限位块，使其抵紧木料的末端。

设置完成后，就可以进行锥度刨削了。将木料抵靠在限位块上，然后小心地放低木料通过旋转的刀盘。一旦木料接触进料台，就用推料板将其向前送入（图 C）。以 $1/16$ in（1.6 mm）的深度刨削数次，直至达到预期的幅度（图 D）。在每个锥度面上重复该过程（图 E）。

> ⚠ **警告**
> 在用平刨刨削时，切勿将手置于部件的背面。始终使用推料板进料，尤其是在刨削部件末端时。

铣削方料

　　方料在家具制作中通常用于桌腿、床柱等部件的制作。如果使用宽板铣削方料，那么应先使用台锯将其纵切。

　　铣削的第一步是整平木料的一个侧面，然后将与其相邻的另一个侧面刨削平直，并与第一个侧面垂直。整平凹面相对容易一些，因为它有两个可以抵靠在台面上的窄面（图 A），而不像凸面那样只有一个类似的窄面（图 B）。在木料的前后端分别放置一个推料板，完成一次较浅的刨削（图 C）。你会看到，平刨会从部件的两端切下木料（图 D）。继续刨削一两次，直到部件的这个侧面沿整个长度变得光滑平整（图 E）。

　　现在，继续将相邻的侧面刨削平直。首先检查平刨的靠山与台面是否垂直，并在必要时进行调整（图 F）。接下来，把木料放在平刨台面上，用刨削光滑的侧面抵紧靠山（图 G）。从端面观察木料是很必要的，因为尽管从顶部看部件似乎已经抵紧了靠山，但实际上，它可能并没有与靠山完全接触（图 H）。现在开始刨削第二个侧面（图 I），并检查两个侧面是否互相垂直（图 J）。

　　现在，将木料刨削至最终厚度（图 K）。保持经过刨削的侧面朝下，完成剩余的两个侧面的刨削（图 L）。之后，将端面锯切方正（图 M），最后利用限位块将木料横切至最终长度（图 N）。

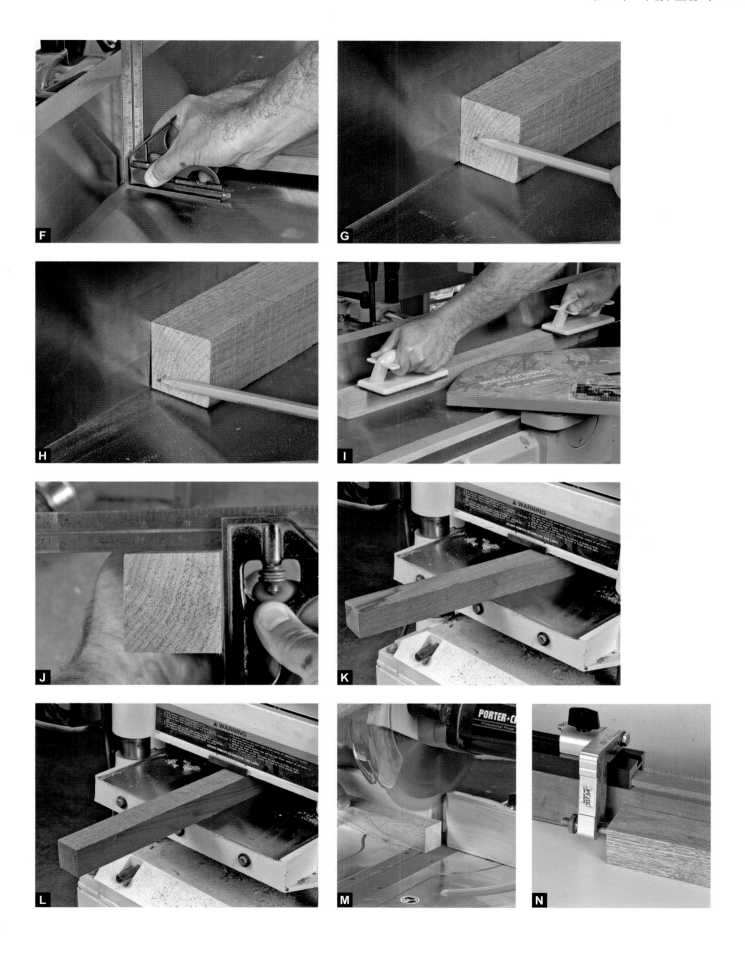

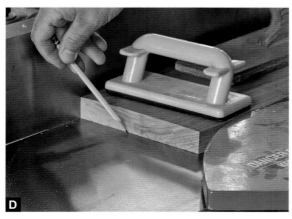

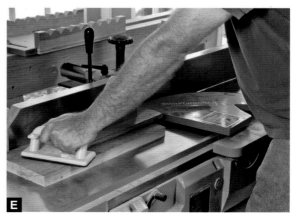

整平木料

此过程用于最终确定抽屉面板、门板和桌面等平整面板的尺寸。首先将木料切割至比最终的宽度和长度分别长出 ½ in（12.7 mm）的尺寸。这样会使后续的操作更轻松、更有效。但锯切出的木料长度不能短于 12 in（304.8 mm），因为无论是平刨还是压刨，处理长度小于 12 in（304.8 mm）的木料都是不安全的。

接下来，将木料的凹面放置在平刨台面上（图A）。将凸面（凹面相对的面）放在台面上时木料容易摇摆，从而增加刨平的难度（图B）。设置平刨浅刨木料，然后用推料板将木料推过刀盘（图C）。推动木料时，将其牢牢放置在出料台上（图D）。安全起见，继续将木料推过锯片防护罩，直至防护罩闭合并抵靠在靠山上（图E）。第一次刨削时会显现出木料上的低点（图F）。现在，将平整光滑的一面朝下放在压刨的台面上，将木料刨削至所需厚度（图G）。始终注意检查木料的纹理方向，并正确进料（图H）。

接下来，刨削木料的一条边缘。在刨削过程中，保持刨平的大面牢牢抵靠在平刨的靠山上（图I）。现在，以刨直的边缘作为引导，紧贴靠山，将木料纵切到最终宽度（图J）。最后，将木料的一端锯切方正，使其与边缘垂直（图K），然后利用限位块将木料横切到最终长度（图L）。

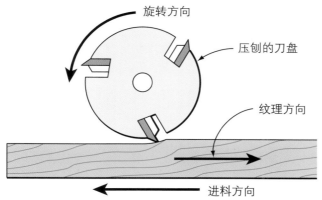

旋转方向

压刨的刀盘

纹理方向

进料方向

第 12 章
带锯

　　像台锯一样，带锯是一种通用机器，能够完成多种木工操作。但与台锯不同的是，带锯不会造成木料回抛。而且，带锯锯片形成的锯缝宽度只有台锯锯片的一半。这使得带锯非常适合纵切严重翘曲的木料，这种木料在用台锯锯切时，非常容易贴住台锯锯片并影响其运转。此外，带锯擅长锯切几乎所有形式的曲面。宽的、窄的或复合曲面都不在话下。带锯是唯一可以重新锯切木料的机器，也就是将厚木板锯切成薄木板。如果你曾经制作对拼纹理的门板，或者用珍贵的木料自己锯切木皮，那么你会非常喜欢带锯的这种独特功能。

　　带锯的多功能性源于其薄而坚韧的锯片，带锯的锯片围绕两个或三个轮子延伸。锯片尺寸涵盖了切割复杂镂空图案的 $1/16$ in（1.6 mm）锯片，用于重新锯切木板和切割宽曲面的 $3/4$ in（19.1 mm）锯片，甚至更宽的锯片等多种尺寸。更多有关锯片的信息我们稍后讲解。现在，让我们继续了解这种多功能工具的其他组件。

带锯的结构

　　带锯的轮子支撑着锯片，并将电机的动力传递到锯片上。为了缓冲锯片、提供牵引力并保护锯齿，轮子上装有皮带。对于小型带锯，皮带通常成拱形凸出于顶部，使其更容易跟随锯片。大型带锯通常具有平坦的皮带，可以为宽于 1 in（25.4 mm）的锯片提供更好的支撑。

　　轮子的直径决定了喉部的尺寸（锯片到立柱的距离）。由于三个轮子呈三角形分布，因此三轮带锯喉部的容量较大。但是，三轮带锯上直径较小的轮子会频繁折断锯片，因为它们会在带锯的每次旋转中大幅地弯曲锯片。而且由于框架结构固有的弯曲度，三轮带锯不能充分张紧大多数类型的锯片。

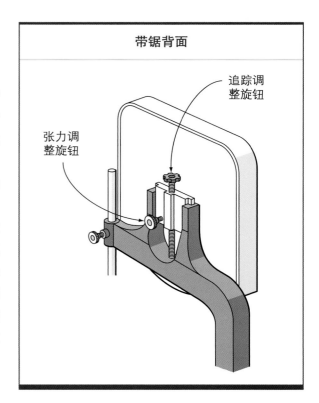

带锯背面

追踪调整旋钮

张力调整旋钮

带锯的部件

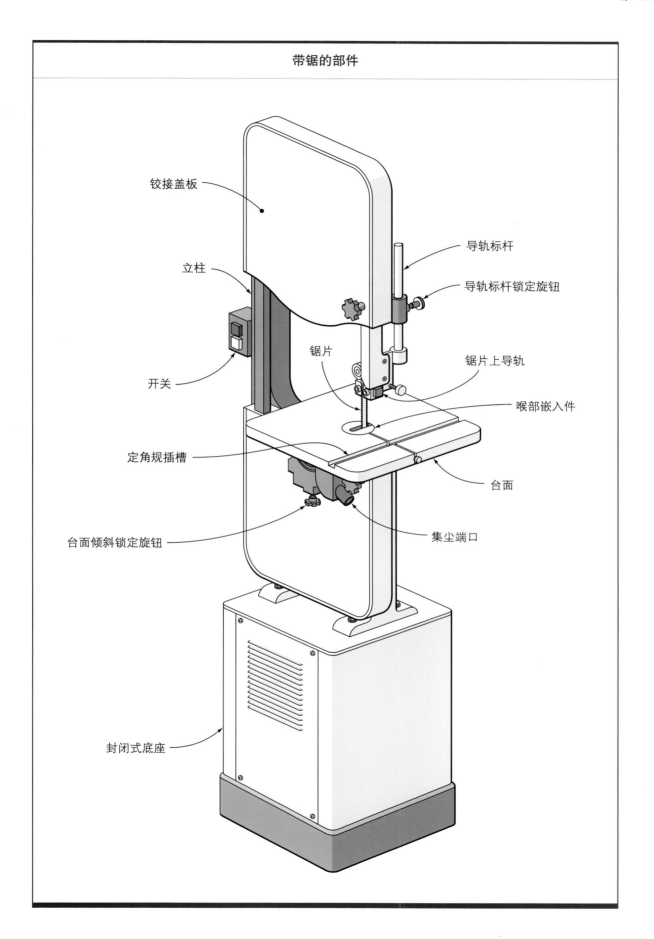

铰接盖板

导轨标杆

导轨标杆锁定旋钮

立柱

锯片

锯片上导轨

喉部嵌入件

开关

定角规插槽

台面

台面倾斜锁定旋钮

集尘端口

封闭式底座

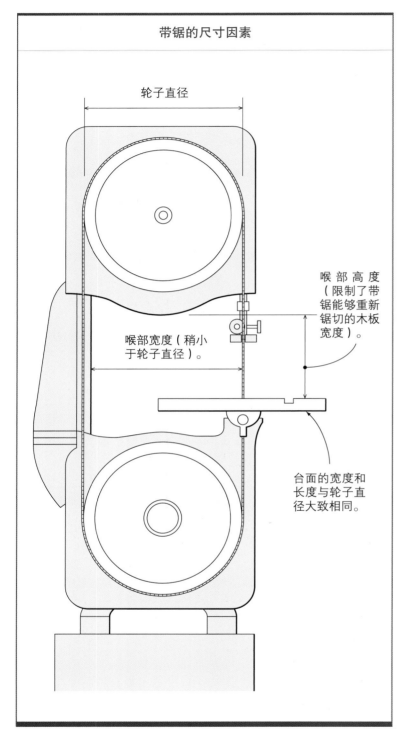

带锯的尺寸因素

轮子直径

喉部高度（限制了带锯能够重新锯切的木板宽度）。

喉部宽度（稍小于轮子直径）。

台面的宽度和长度与轮子直径大致相同。

带锯导轨在整个锯切过程中为锯片提供必要的支撑。这里展示的是上导轨；桌子下方装有一对相同的导轨。

助调整垫板，该调整垫板利用螺栓固定在框架上，可以使重新锯切的容量翻倍。此功能再加上 14 in（355.6 mm）带锯的紧凑设计和诱人的价格，使其在许多家庭和专业工房中很受欢迎。

为了能够在锯切曲面的曲线时支撑锯片，带锯配备了一对导轨。导轨利用挡块或滚轮支撑着锯片两侧。推力轮从后面支撑锯片，以防锯片被推离轮子。将导轨调整到位是带锯获得最佳性能的关键。

在切割过程中带锯台面会支撑木料。此外，大多数带锯台面可以倾斜以进行角度切割，且都具有定角规插槽，因此可以完成令人惊叹的准确横切。许多带锯还配备了靠山，使锯切更加准确而有效。

带锯的上导轨安装在标杆上，该标杆可针对各种厚度的木料进行垂直调整。标杆上装有一个防护装置，可将你的手与移动的锯片隔离开来。为了安全，请务必在启动带锯之前降低标杆。将木料放置在锯片旁边，并调整导轨至木料上方约 ¼ in（6.4 mm）处。

轮罩是另一个重要的安全配件。除非更换锯片，否则应始终将轮罩保持在原位。为了更有效地更换锯片，我更喜欢使用铰链式盖板和快速释放夹。大张力的手轮也可以使更换锯片的过程变得更加容易。

轮间距决定了带锯的重新锯切能力。对需要大量重新锯切操作的木匠来说，这是带锯最重要的功能之一。并非所有具有相同直径轮子的带锯都具有相同的重新锯切能力。因此，在购买带锯时，检查这个重要的参数是非常必要的。大多数 14 in（355.6 mm）的带锯能够容纳并安装一个辅

➤ 带锯导轨

很多售后目录经常鼓吹，大多数 14 in（355.6 mm）带锯的标准钢制挡块是劣质的，使用塑料挡块或滚珠轴承导轨可以减少发热量，获得更长的锯片使用寿命和更好的支撑。但事实上，带锯原装的钢制挡块的性能甚至比售后挡块更好。首先，挡块比轴承具有更大的表面积，并且在锯片来回锯切曲面时，挡块在限制锯片弯曲方面效果更好。

此外，挡块导轨不会使锯片过热，也不会缩短其寿命。发热是由切割时的摩擦引起的，就像推动刮刀时拇指也会变热一样。与其购买昂贵的挡块，不如购买双金属（高速钢）或硬质合金锯片，这两种锯片都是为应对高温和苛刻的重新锯切而设计的。

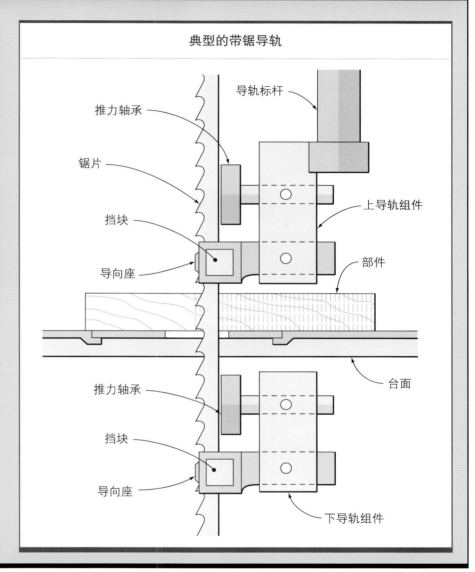

典型的带锯导轨

推力轴承
锯片
挡块
导向座
导轨标杆
上导轨组件
部件
台面
推力轴承
挡块
导向座
下导轨组件

带锯是锯切厚木料的最佳选择。

这个张力轮很大且位于带锯轮的下方，很容易触碰到。

带锯锯片

锯片是带锯的核心部件。如果使用错误或钝化的锯片，即使是最好的带锯，也会表现不佳。与台锯不同的是，并没有可以完成各种锯切的"组合式"带锯锯片。为了获得最佳的锯切效果，最好及时更换锯片。带锯的锯片类型令人眼花缭乱，了解基础知识有助于你正确进行选择。

节距

节距是指每英寸包含的锯齿数（tpi）。锯齿越多，锯切就会越慢，切口就会越平滑，锯齿越少，锯切就会越快，切口就会越粗糙。一个好的经验法则是，选择在木料上一次性发挥作用的锯齿不少于 6 个且不超过 12 个的锯片。例如 6 tpi 或 10 tpi 的锯片是锯切 1 in（25.4 mm）木料的好选择。

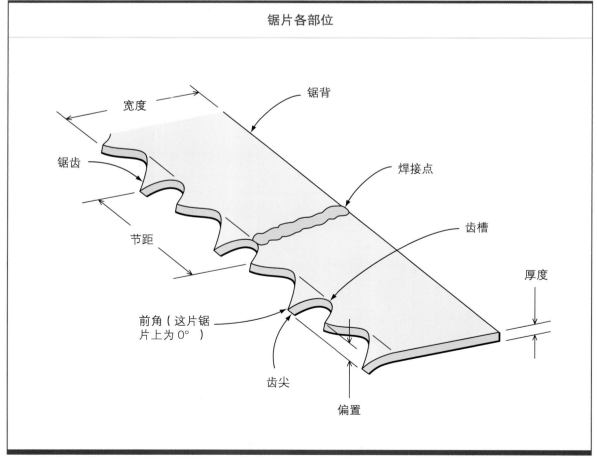

锯片各部位

宽度

锯背

锯齿

焊接点

节距

齿槽

厚度

前角（这片锯片上为 0°）

齿尖

偏置

选择最佳节距

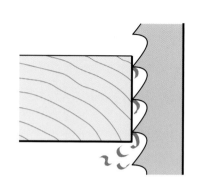

接触木料的锯齿少于 6 个，锯切时会剧烈震动，形成粗糙的切口。

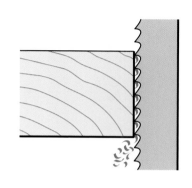

接触木料的锯齿数在 6~12 个时，可以获得最佳的锯切效果。

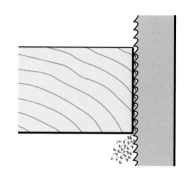

接触木料的锯齿数在 12 个以上时，小齿槽里很容易填满锯末，难以及时排出，锯片容易过热。

齿形

大多数的带锯锯片零售商提供三种类型的齿形选择，它们是常规齿、间断齿和钩形齿。常规齿锯片的前角为 0°，可实现平滑锯切（前角是锯齿相对于锯片主体的角度）。常规齿锯片是将 1 in（25.4 mm）厚或者更薄的木料锯切成曲面的理想选择。

与常规齿一样，间断齿同样具有可以平滑锯切的 0° 前角。顾名思义，这种锯片每间隔一个锯齿，就会略去一个锯齿，因此，间断齿锯片每英寸的齿数只有常规齿锯片的一半。这种设计形成了较大的齿槽，并减少了同时与木料接触的锯齿，是锯切厚木料的理想选择。

重新锯切木料以及锯切厚木料的理想选择是钩形齿锯片。与间断齿锯片的设计相似，钩形齿锯片具有较大的锯齿和齿槽，且具有正前角，与间断齿锯片相比，钩形齿锯片锯切更为有力，且锯切的阻力较小，因此是重新锯切木料和锯切厚木料的绝佳选择。

还有一种选择，即可变齿锯片。在这种独特的设计中，锯齿的大小不同，但形状没有变化。每个锯齿都是钩形的，但可变齿能最大限度地减

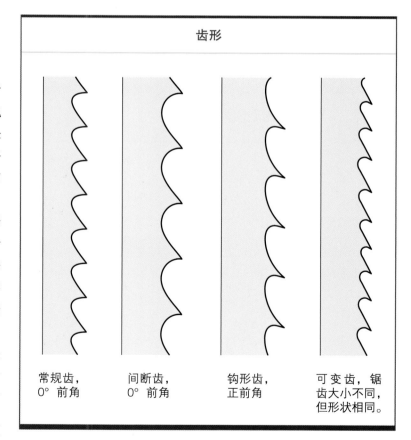

齿形

常规齿，0° 前角

间断齿，0° 前角

钩形齿，正前角

可变齿，锯齿大小不同，但形状相同。

少谐波振动，从而有助于提高切口的平滑度。可变齿锯片是重新锯切木料，尤其是锯切木皮的理想选择。它们可以快速有力地锯切，产生的表面非常平滑，几乎不需要额外的整平和清理。

> **带锯的安全使用指南**

- 始终遵循制造商的安全说明操作。
- 保持手指远离锯片的锯切路径。
- 在接近切割结束时降低进料压力。
- 在纵切或重新锯切时，使用推料板进料。
- 带锯运行时，保持轮盖关闭。
- 在启动带锯之前，将上导轨调整至部件上方约 ¼ in（6.4 mm）处。
- 将锯片防护罩固定到位。
- 更换锯片之前，务必先断开带锯的电源。
- 使用带锯时，请始终佩戴护目镜。

锯片宽度

带锯的锯片宽度涵盖了从适合锯切镂空曲线的 ¹/₁₆ in（6.4 mm），到在纵切或重新锯切时用于直线锯切的较宽的 2 in（50.8 mm）。选择最佳的锯片宽度并不难，只需牢记几个要点。

首先，随着锯片宽度的增加，其厚度也会增加。厚而宽的锯片相比窄而薄的锯片需要更大的力量将其张紧。同样，厚锯片需要更大直径的轮子，以防止产生过度的弯曲应力和锯片过早损坏。因此，你要仔细阅读带锯的说明书，不要超过允许的最大锯片宽度。尽管传统观点认为宽锯片可以带来更精确的切割效果，但实际上，许多家用带锯的框架缺乏足够的强度来提供张紧宽锯片所需的张力。在重新锯切时，相比使用张力不足的宽锯片，使用能够充分张紧的窄锯片可以在珍贵的木板上锯切出更为笔直的路径。因此，尽管大多数的 14 in（355.6 mm）带锯最大可以容纳 ¾ in（19.1 mm）宽的锯片，但使用 ⅜ in（9.5 mm）或 ½ in（12.7 mm）宽的锯片重新锯切的效果更好。⅜ in（9.5 mm）或 ½ in（12.7 mm）宽的可变齿锯片是重新锯切的绝佳选择。

在锯切曲面时，应选择贴合曲面的最宽锯片。显然，¼ in（6.4 mm）宽的锯片可以贴合几乎所有尺寸的曲面，但如果曲面很宽大，锯片会出现偏移的趋势。此时使用较宽的锯片，可以获得更准确的轮廓，并大大减少修整宽曲面的时间。

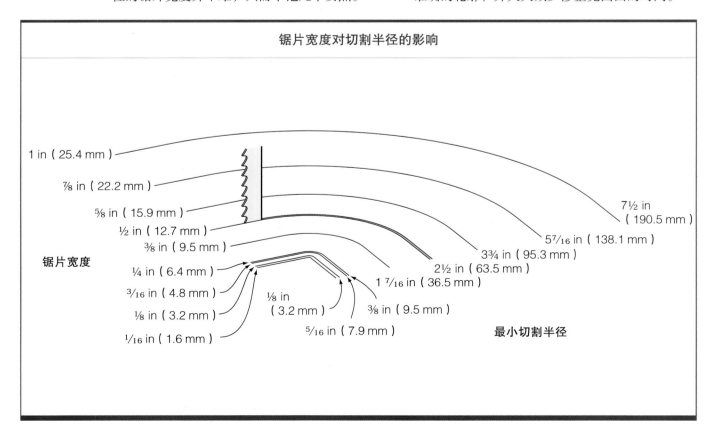

锯片宽度对切割半径的影响

锯片宽度

1 in（25.4 mm）
⅞ in（22.2 mm）
⅝ in（15.9 mm）
½ in（12.7 mm）
⅜ in（9.5 mm）
¼ in（6.4 mm）
³/₁₆ in（4.8 mm）
⅛ in（3.2 mm）
¹/₁₆ in（1.6 mm）

⅛ in（3.2 mm）
⁵/₁₆ in（7.9 mm）
⅜ in（9.5 mm）
1 ⁷/₁₆ in（36.5 mm）
2½ in（63.5 mm）
3¾ in（95.3 mm）
5⁷/₁₆ in（138.1 mm）
7½ in（190.5 mm）

最小切割半径

带锯的使用

更换和张紧锯片

　　花费几分钟的时间更换适合的锯片，可以提升带锯的加工性能。例如使用宽锯片锯切变化剧烈的曲面会导致锯片弯曲、导轨压力增加和灼烧木料。尝试用钝化的锯片重新锯切只会带来失望。

> **锯片选择参考第 186~188 页内容。**

　　更换锯片时应先断开电源。接下来，释放张力，拆下旧锯片，然后打开锯片导轨（图 A）。现在，将新锯片悬挂在顶轮上开始安装新锯片，逐步将其安装在底轮上。之后，施加足够的张力以消除锯片的松弛。

　　下一步是追踪锯片。用左手旋转顶轮，同时用右手缓慢旋转追踪旋钮。观察锯片在顶轮上的轨迹并缓慢转动追踪旋钮，使锯片相对于皮带居中（图 B）。当锯片处于正确位置时，增加锯片张力。注意，随着张力的增加，可能还需要对锯片路径进行些微调整。

　　在将较薄的木料锯切成曲面时，通常只需消除锯片的松弛，将其张紧即可。但是，在需要为重新锯切张紧锯片时，最好使用张力计（图 C）。如果没有张力计，可以尝试完全抬起上导轨，并用食指将锯条向侧面偏转（图 D）。确保此时带锯已经关闭，电源处于断开状态！在适度的手指压力下，锯片的偏转不会超过 ¼ in（6.4 mm）。很显然，这种方法的精确度不及有张力计辅助的情况，但只要尝试几次积累点经验，其简单易行，效果也很好。

　　下一步是调整导轨（图 E）。纸片或者钞票都可以用作测隙规（图 F）。均衡调整导轨的每一侧，以免锯片侧向偏斜。另外，还要记得使用纸张测隙规调节锯片后面的推力轮。推力轮的作用是，在锯切过程中，防止锯片被从轮子上推离。

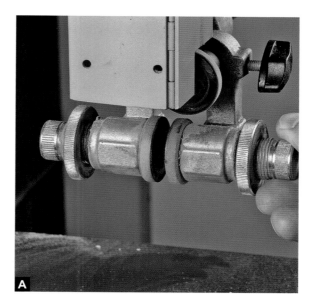

A

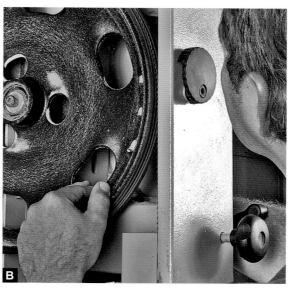

B

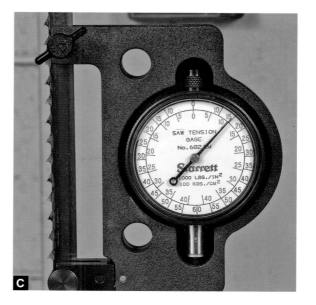

C

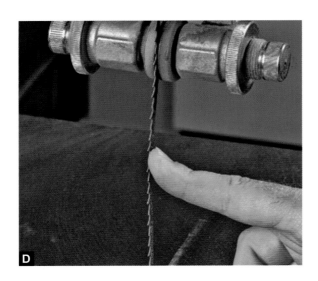

最后一步是检查锯片与台面是否垂直（图G）。如果你打算重新锯切宽板，这一步至关重要。如有必要，可以调整桌子下方的耳轴，使两者保持垂直。

推力轴承和导轨围绕锯片，并防止其弯曲、扭曲或偏转。调整这些部件，使其在停止使用时不会碰到锯片。

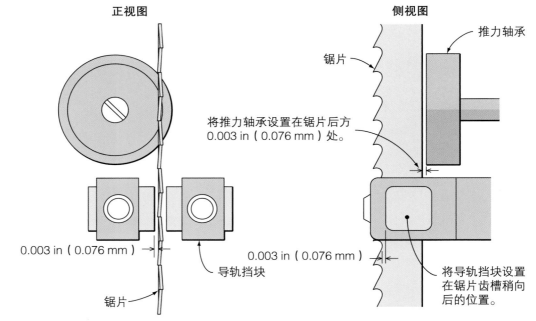

正视图

将推力轴承设置在锯片后方 0.003 in（0.076 mm）处。

0.003 in（0.076 mm）

导轨挡块

锯片

侧视图

锯片

推力轴承

0.003 in（0.076 mm）

将导轨挡块设置在锯片齿槽稍向后的位置。

E 设置导轨挡块，使其距离锯片 0.003 in（0.076 mm）。

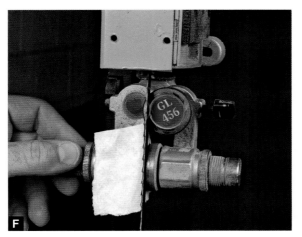

F

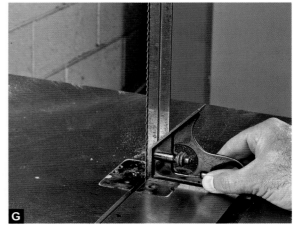

G

用带锯锯切窄曲面

　　首先选择一款适合部件轮廓的窄锯片。接下来，在木料表面绘制图案（图A），并将锯片上导轨调整到部件上方约¼ in（6.4 mm）处（图B）。

　　在锯切曲面之前，规划好锯切顺序非常重要。在锯切曲面时，应避免锯片回退，因为这样会使锯片贴在锯缝处并被从轮子上拉下。因此，要尽量避免锯片卡在转角处，如果必须回退，则应沿直线而不是曲线回退。

　　首先锯切轮廓的内角（图C）。这样会比较轻松。此外，观察未在内角处结束的曲线的样式，并优先锯切这些曲线（图D）。在接近弧度变化急剧的部分时，放慢速度，小心地遵循轮廓线锯切（图E），以免误切和增加后续的手工操作。

　　继续锯切图案的外部，以连通设计的内部区域（图F）。先是短而直的浮雕式锯切（图G），然后是短小的凸面（图H）和凹面（图I）锯切，最终完成整个轮廓的锯切（图J）。

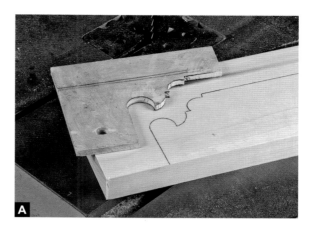

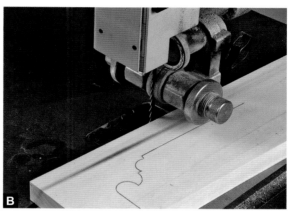

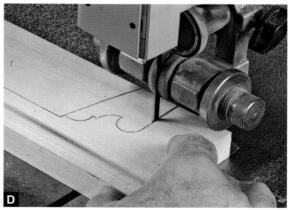

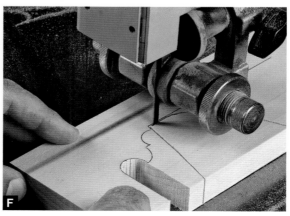

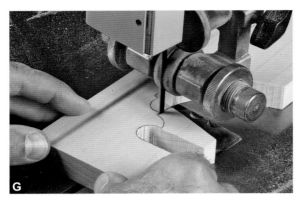

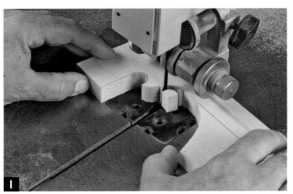

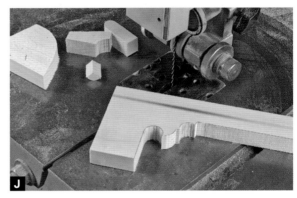

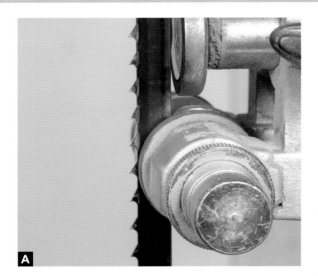

使用带锯锯切大而平缓的曲面

可以使用窄锯片锯切宽大平缓的曲面，但如果更换允许使用的最宽锯片，锯切会更高效。在这个示例中，使用的是 ½ in（12.7 mm）宽的锯片（图 A）。在锯切轮廓时，将手放在部件的两侧，可以获得最有效地控制（图 B）。最终得到的是一个相当平滑的曲面（图 C），只需用鸟刨进行细微的处理即可。

[小贴士]

在锯切曲面时，画线一定要清晰。沿画线的废木料一侧锯切，然后再沿画线整平曲面。

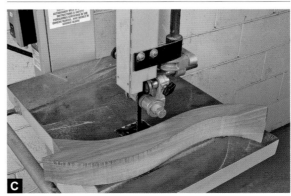

制作弯脚腿

复合曲线是指同时向两个方向弯曲的曲线。最为人熟悉的例子是古典家具中的弯脚腿。当然，现代家具中也有许多复合曲线的示例。制作复合曲线的技术并不难。实际上，大多数的复合曲线只需几分钟即可锯切得到，这样的效率令人兴奋。

从绘制曲线图案开始。将图案勾勒到木料的两个相邻表面上（图 A）。需要注意的是，某些复合曲线是不对称的，因此需要使用两种不同的图案，每个面使用一种图案。

现在可以开始锯切了。由于示例中的弯脚腿很长，因此我首先锯切了一个"桥"（图 B），这个"桥"只是一个支撑区域，会一直保留到第二轮锯切结束（图 C）。两个短的平行切口形成了"桥"（图 D）。接下来，开始锯切弯腿处的曲线（图 E），并沿轮廓线锯切至构成"桥"的切口处（图 F）。现在将木料端对端旋转，并从弯脚腿的"膝盖"处开始新的锯切（图 G）。缓慢小心地锯切以获得平滑曲面，争取最大限度地减少后续的手工操作（图 H）。

完成正面曲线的锯切后，将注意力转移到弯脚腿的背面曲线（图 I）。保留切下的边角料，并用胶带将其粘回原位（图 J），因为在边角料上还有相邻面的图案轮廓线。

接下来，将弯脚腿旋转 90°，完成第二轮锯切（图 K）。最后锯掉提供支撑的"桥"（图 L）。

A

B

D

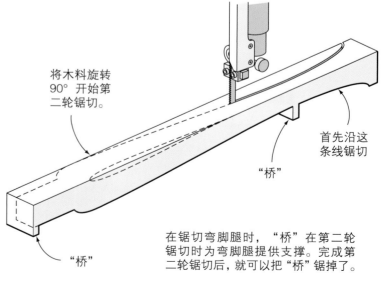

将木料旋转 90° 开始第二轮锯切。

首先沿这条线锯切

"桥"

"桥"

在锯切弯脚腿时，"桥"在第二轮锯切时为弯脚腿提供支撑。完成第二轮锯切后，就可以把"桥"锯掉了。

C

制作 S 形支脚

　　S 形支脚是一个稍有不同的复合曲线示例。这个示例并没有在一块木料上锯切两个表面，而是分别用带锯锯切两块木料，并将它们斜接在一起，然后用带锯锯切整个斜接组件。

　　首先沿支架轮廓和 S 形轮廓的画线开始锯切。锯切斜面并用带锯锯切出支架轮廓后，将两个部件胶合在一起制成 S 形支脚。

　　将 S 形支脚放在支架上固定到位（图 A）。现在可以用带锯锯切 S 形轮廓了，但要首先检查锯片与台面是否彼此垂直（图 B）。小心地用带锯慢慢锯切第一个面（图 C）。第二个面的锯切轮廓线会显示在斜面上。沿斜面的外部轮廓线锯切，最后将锯切出的新表面打磨光滑（图 D）。

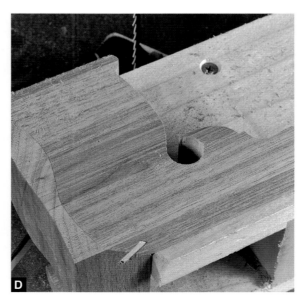

用带锯纵切厚木料

与台锯相比，用带锯纵切较厚的粗木料更安全、更有效。与台锯不同，带锯不会产生回抛。而且，细而薄的带锯锯片不会卡在厚木料中。

在木料上画线（图A）。选择 ½ in（12.7 mm）或更宽的锯片，然后将上导轨调整到木料的厚度处（图B）。在纵切木料时，可能需要稍微调整木料的角度，以补偿锯片的偏移量（图C）。将手放在木料的两侧，以最大限度地控制进料（图D）。当锯切到木料末端时，降低进料压力，并使大拇指远离锯切路径（图E）。

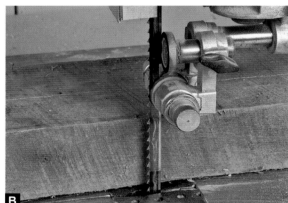

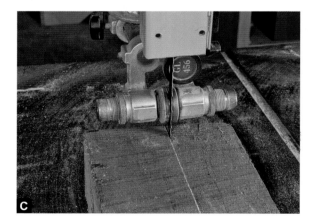

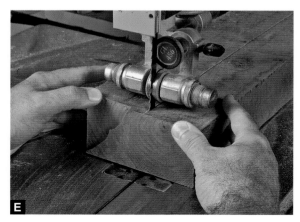

用带锯搭配靠山纵切木料

带锯可以完成精确的纵切，关键是使用靠山。不过，有些带锯不会沿与桌子垂直的路径纵切，这种现象称为偏移。解决方案是倾斜木制靠山以补偿偏角（图 A）。

首先画一条平行于木料边缘的线（图 B）。接下来，使用 ½ in（12.7 mm）宽的锯片沿画线徒手锯切。小心地沿画线推进，木料会自然地按照设定角度进料以补偿偏角（图 C）。大约锯切到木料的中间位置时，停止锯切，沿木料边缘固定一块木板作为靠山（图 D）。继续纵切木料并使用推料板保持手指与锯片之间的距离（图 E）。

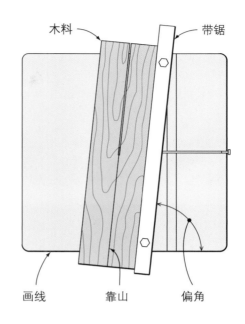

木料　　带锯

画线　　靠山　　偏角

A

B

C

D

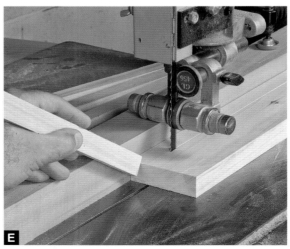

E

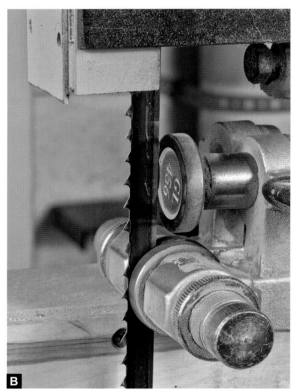

重新锯切

重新锯切是将厚木板锯切成薄木板的过程。可以使用此技术锯切出对拼面板（图 A）、木皮，或者在制作小型作品时节省木料。这种技术很有用，并且只能用带锯完成。首先需要选择合适的锯片。在本示例中，我使用的是 ⅜ in（9.5 mm）宽、3 tpi 规格的钩齿锯片（图 B）。

[小贴士]

如果你拥有一台 14 in（355.6 mm）的带锯，就可以使用调整垫板将重新锯切能力从 6 in（152.4 mm）增加到 12 in（304.8 mm）。

为了精确锯切，最好使用高靠山为木板的整个宽度提供支撑。可以在带锯的纵切靠山上固定一块宽木板，也可以用胶合板制作靠山（图 C）。首先根据偏角设置靠山。在木板上标记重新锯切的宽度（图 D），然后沿画线徒手锯切（图 E）。当锯切到木板的中点时，停止锯切。沿画线直线锯切时，偏角（如果有的话）会自然得到补偿。接下来，只需将纵切靠山放在木板旁边，并用夹具将其固定在台面上（图 F）。现在可以开始重新锯切了。

开始锯切，同时确保木板牢牢抵靠在靠山上（图 G）。缓慢进料，注意带锯的声音和震动，并根据需要调整进料速度（图 H）。在锯切到木板末端时，降低进料压力，并用一块木板推动木板完成锯切（图 I）。

安装尖头靠山可以沿曲线重新锯切；拿掉它可以进行沿直线重新锯切。

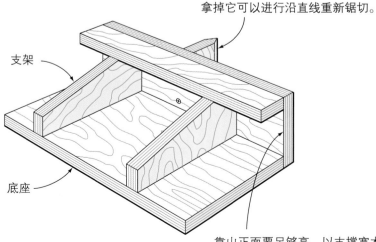

支架

底座

靠山正面要足够高，以支撑宽木板。

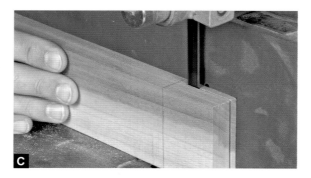

使用带锯锯切榫头

如果使用宽锯片（½ in（12.7 mm）的锯片效果就很好）和靠山引导锯切，用带锯也可以精确锯切榫头。与往常一样，先锯切出榫眼，再锯切出与之匹配的榫头。如果需要调整，修整榫头要更容易，也更能准确控制。

首先画出榫头的颊面线和榫肩线（图 A）。然后将靠山固定到位，准备沿颊面线锯切（图 B）。启动带锯锯切颊面（图 C）。用木工夹在靠山上固定一块木块作为限位块，可以使带锯快速准确地完成多个榫头的锯切（图 D）。

下一步是锯切榫肩。拿掉靠山，使用定角规精确引导锯切（图 E）。然后旋转部件，锯切另一侧榫肩（图 F）以完成榫头的制作（图 G）。

第 13 章
成形机

如果你曾经使用电木铣台对简单的装饰部件进行塑形，或为门板的边缘倒棱，那么你就是在使用成形机。电木铣和成形机的很多功能、刀头的轮廓甚至所用技术都是相同的。当然，即使是最大的电木铣也无法与成形机的尺寸和功率相提并论。例如在为凸嵌板进行塑形需要重切时，电木铣需要多次铣削，但成形机只需一次铣削就可以完成加工。

成形机的结构

与大多数的其他木工机器相比，成形机的设计非常简单。重型铸铁台面和突出于中心孔的垂直主轴，台面下方是强大的感应电机。与电木铣的通用电机不同，成形机的感应电机能够全天以额定功率输出。电机通过皮带轮系统输出动力。大多数成形机采用双皮带轮设置，可提供两种速度，通常为 7 000 rpm 和 10 000 rpm。不同的速度非常重要，因为相比小直径的刀头，大直径的刀头应以较低的速度运行。

主轴是成形机的核心。相比电木铣筒夹的直径范围 ¼~½ in（6.4~12.7 mm），成形机主轴的直径为 ½~1¼ in（12.7~31.8 mm）。大尺寸的成形机主轴加上大功率的感应电动机，构成了成形机的基础，使它能够驱动大型刀头对高密度的木料进行塑形。

通常，成形机和电木铣台都是逆时针旋转的，因此木料从右向左进料。但是通过反转成形器的主轴方向和刀头，可以实现从左向右进料。这种独特的功能使成形机功能极为多样和强大，并且可以使某些操作更安全。

像电木铣台一样，成形机同样配有靠山，可沿直线路径引导木料通过刀头。靠山分为两半，均可独立调节，可以锁定在台面上以支撑木料。为了给木料提供最佳支撑和最大的安全操作余

大多数成形机都配备了换向开关，大大增加了其使用的灵活性。

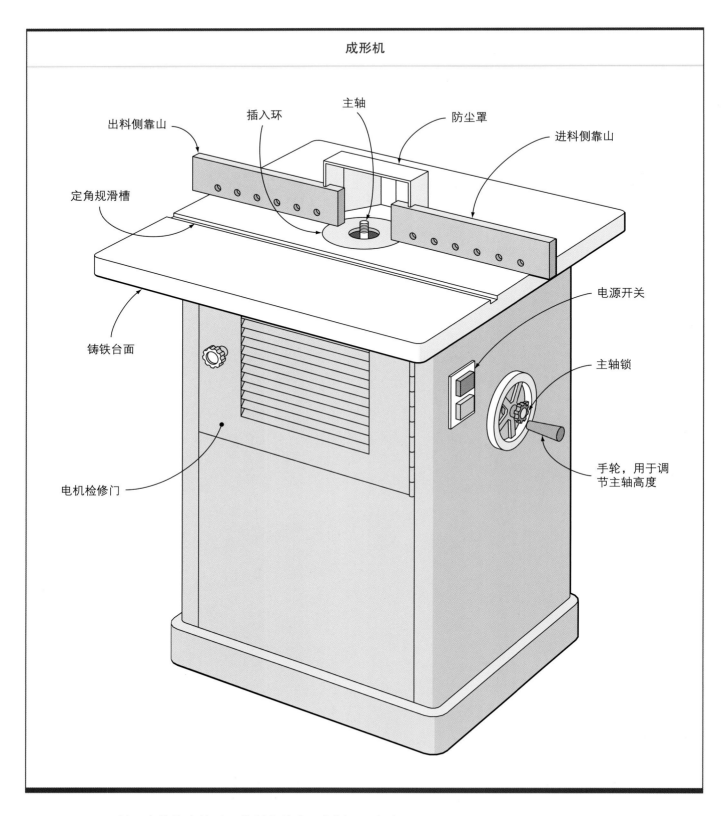

成形机

出料侧靠山

插入环

主轴

防尘罩

进料侧靠山

定角规滑槽

电源开关

铸铁台面

主轴锁

电机检修门

手轮，用于调
节主轴高度

量，应将靠山的开口控制在最小。实际上，很多
时候最好用的靠山是自制的靠山。

　　定角规滑槽与靠山平行。定角规能够为木料
端部的塑形提供支撑，通常与靠山配合使用。

成形机的刀头

成形机的大部分成本来自刀头。台锯通常只

这种定制靠山在切割半边槽时可以为部件提供最稳固的支撑。

▶ 成形机的安全使用指南

所有电动木工机器本质上都存在危险性，成形机尤其如此。成形机的结构很简单，其危险性大部分来自其设置的复杂性。对于使用成形机的新手，他们应该首先积累大量的电木铣台使用经验。两种机器的很多操作技术是相同的，差别在于电木铣台体型更小，功率更小，因此可以作为不错的入门机器使用。此外，与为平直木料塑形相比，为曲面塑形需要更多的知识积累和更熟练的技术。因此，在获得足够的经验之前，应限制自己只对平直木料进行塑形。作为使用成形机超过 40 年的人，我可以说，成形机既高效又安全。下面是我在设置成形机时遵循的一些安全准则。

- 阅读并遵循制造商随附的成形机操作指南。
- 始终迎着刀头旋转方向进料。例如当刀头逆时针旋转时，应从右向左进料。
- 始终使用防护装置。如果成形机配备的防护装置不起作用，要购买合适的防护装置，或者自己动手制作防护装置。
- 使用安全装备，比如羽毛板和推料板，以帮助固定部件，并使手远离刀头。
- 尽量轻切。重切会产生巨大的进料阻力，并经常引起部件回抛。
- 避免为小木料塑形。应先为大木料塑形，再将其锯切成较小的部件。
- 靠山开口应尽量小，以为木料提供最稳固的支撑。
- 在设置机器时，应将成形机的电源断开。

需要开槽锯片和纵切锯片就能完成大多数操作，而成形机操作则需要大量独特轮廓的刀头。而且，单个刀头的成本要比台锯锯片高得多。幸运的是，可以使用一些基础轮廓的刀头、方边刀头以及凸嵌板刀头完成多种塑形操作。

成形机刀头基本上有两种类型：硬质合金刀片的翼形刀头和可更换的高速钢（HSS）刀头（或可插入刀盘的刀片）。

翼形刀头

与硬质合金齿尖的锯片相似，翼形刀头同样是将钢制主体与单独的硬质合金刀片钎焊在一起制成的。每个刀头通常包含 2~5 个刀片，但 3 刀片的翼形刀头是最常见的。

高质量的翼形刀头很锋利，平衡性很好，切割也极为流畅，拆装也很便捷，只需将它们滑入

硬质合金刀片的翼形刀头很锋利，平衡性好，且切割流畅。

成形机的刀盘

刀片的齿状槽与刀盘的齿状槽互锁。

用燕尾楔固定每片刀片。

实心铝或实心钢刀盘

高速钢插入式刀片

主轴并锁定到位。翼形刀头功能多样，可用于为平直或弯曲的部件塑形。平直部件由成形机的靠山引导进料；而弯曲部件则是由安装在刀头上方或下方主轴上的轴承引导进料。轴承可以引导部件进料并限制切削深度。

插入式刀盘

顾名思义，插入式刀盘是指可以将单片刀片插入刀盘中并锁定到位的装置。刀片通过机械互锁结构和机械螺丝固定到实心的刀盘上。机械互锁可能是刀片中的一对孔与刀盘上的钢销接合在一起，也可能是刀片上的齿状槽嵌入刀盘中匹配的槽口中。刀片插入后，通过燕尾楔将其锁定到位。虽然设置颇为耗时，但插入式刀盘比硬质合金翼形刀头整体上更为实惠。除去刀盘初期的投入，其刀片通常比硬质合金翼形刀头更便宜。正确进行设置后，插入式刀盘使用起来很安全。实际上，平刨和压刨都使用的是插入式刀盘。高速钢插入式刀片存在明显的缺点，即不能用于切割人造板材，比如中密度纤维板或胶合板，因此使用受到了限制。

> ## ▶ 电动进料机

电动进料机安装在固定设备的台面上，能够以均匀的速度进料。在需要为大量装饰件塑形时，电动进料机对于成形机非常有用；在纵切时，电动进料机能够提高台锯的工作效率。

电动进料机比手动进料具有更多优势。电动进料机可以使大规模的进料操作更轻松，更高效。它消除了手动进料的不一致性所导致的灼烧和不规则的加工痕迹，并使操作者的手远离锯片或刀盘，从而提高了安全性。

电动进料机有多种尺寸，可以满足不同的进料需求。感应电机通过齿轮系统驱动多个带有橡胶覆层的轮子。齿轮降低了轮子的转速，可以通过切换齿轮来改变速度，并能在不损失动力的情况下提供足够的扭矩。带有橡胶覆层的进料辊通过弹簧向木料施加压力。整个装置由一对钢柱支撑，可以同时对钢柱与可旋转和枢转的联轴器进行一般调节。

立柱安装在铸铁基座上，基座则通过螺栓固定在机器的台面上。基座的位置很重要。要避免遮挡机器的靠山，同时确保基座足够靠近进料装置触及木料的部分。

基座安装完成后，就可以调整进料装置使其以水平或垂直方式进料，甚至可以调整进料装置以实现弯曲木料的进料。

成形机的使用

为部分边缘塑形

最常见的塑形技术是边缘塑形。它用于修整桌面边缘，也用于制作装饰木条。应先为较宽的木料塑形，再将其锯切成最终的窄木条。如果你之前没用过成形机，那么边缘塑形是一个不错的起点（图 A）。

第一步是安装刀头。如果可能，定位刀头以切割木料的下缘（图 B）。通常，这比从顶部起始切割更加安全，因为刀头被埋在木料下方。也要注意主轴的旋转方向——通常是逆时针方向转动，因此要从右向左进料（图 C）。用轴环填充主轴上未使用的部分（图 D），并用主轴螺母固定刀头（图 E）。接下来，通过升高或降低主轴来调整刀头高度；在刀头旁边放一把直角尺便于进行精确调节（图 F）。现在调整靠山并将其锁定到位（图 G），并在靠山开口的上方放置防尘罩。如果成形机没有防护装置，可以用木工夹将一块厚木板固定在靠山上，效果也很好（图 H）。在打开电源之前，请用手旋转刀头，以确保其不会碰到靠山和防护装置。最后，迎着刀头的旋转方向进料塑形（图 I）。

A

B

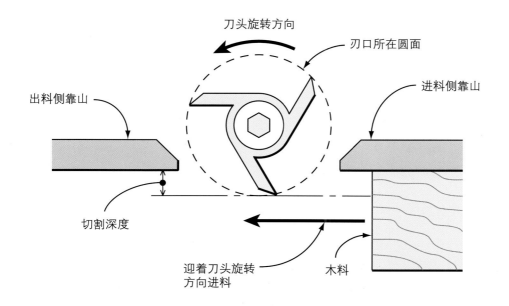

刀头旋转方向

刃口所在圆面

出料侧靠山

进料侧靠山

切割深度

迎着刀头旋转
方向进料

木料

C

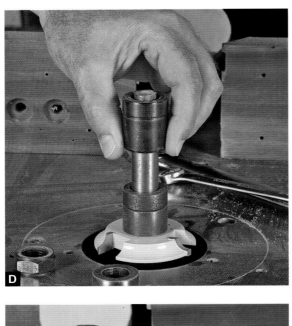

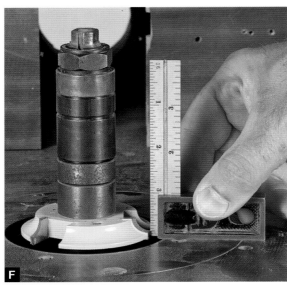

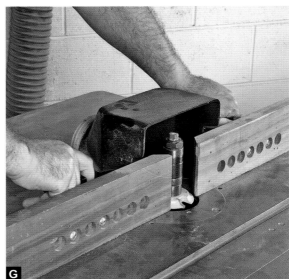

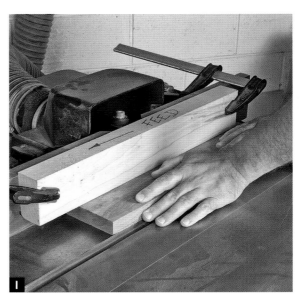

为整条边缘塑形

在需要为整个边缘塑造装饰轮廓时（图 A），需要向前调整出料靠山，以补偿木料的缺失。这与平刨的工作原理是相同的：出料台设置得比进料台稍高。设置好刀头和靠山后，首先进行 2~3 in（50.8~76.2 mm）的塑形（图 B），然后关闭电机。注意成形件与出料侧靠山之间的间隙（图 C）。保持电源关闭，通过靠山背面的调节旋钮移动任一靠山，使木料与出料侧的半块靠山接触（图 D）。然后，继续完成剩余部分的塑形。

[小贴士]

在为成形机准备木料时，务必多准备一块用于设置。

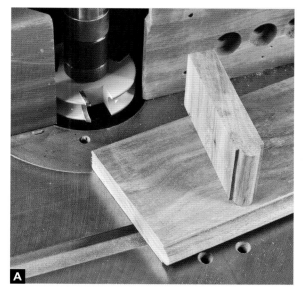

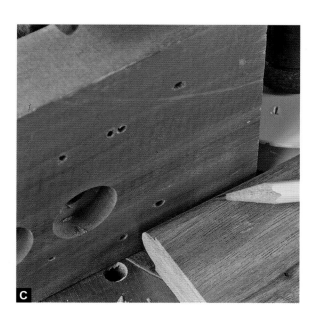

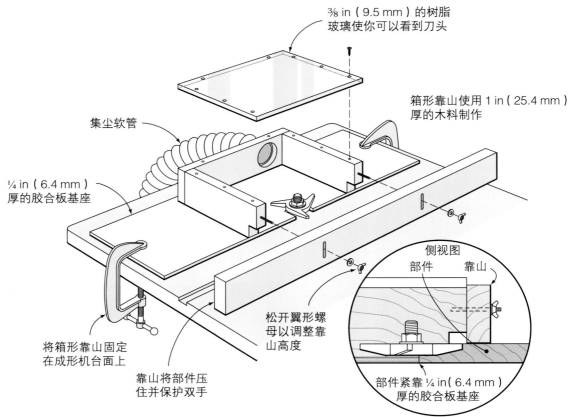

⅜ in（9.5 mm）的树脂
玻璃使你可以看到刀头

箱形靠山使用 1 in（25.4 mm）
厚的木料制作

集尘软管

¼ in（6.4 mm）
厚的胶合板基座

松开翼形螺
母以调整靠
山高度

侧视图

部件　　　靠山

将箱形靠山固定
在成形机台面上

靠山将部件压
住并保护双手

部件紧靠 ¼ in（6.4 mm）
厚的胶合板基座

A

B

C

为凸嵌板塑形

　　框架-面板结构常用于门和橱柜的制作。凸
板刀头直径较大，同时需要较大的靠山开口。为
了最大限度地减少使用大型刀头带来的风险，我
使用了包围刀头的箱形靠山，并去除了靠山之间
的开口（图 A）。

　　首先安装带有滚珠轴承的防磨垫圈（图 B）。
防磨垫圈会限制切割深度，因此需要选择适合
所需切割深度的直径。例如，如果刀头直径为
3 in（76.2 mm），切割深度为 1 in（25.4 mm），
那么防磨垫圈的直径应为 1 in（25.4 mm）。接
下来，将刀头滑入到位（图 C），并拧紧主轴螺
母（图 D）。

　　将箱形靠山环绕刀头滑动到位，然后利用
直尺对齐靠山边缘与防磨垫圈（图 E）。正确对
齐后，靠山的边缘与防磨垫圈外缘应该是相切的
（图 F）。

　　这实际上创建了一个零间隙的开口，从而极

大地提高了安全系数，因为部件无法倾斜或被刀头拉入。使用一对木工夹将箱形靠山固定在台面上（图G）。为了完成设置，还要连接箱形靠山的前部，并用木料来设置高度（图H）。

　　在为木料（例如面板）端面塑形时，端面容易开裂。补救措施是先为末端塑形（图I），再为边缘塑形（图J）。完成塑形的面板可以进行打磨，并与其框架部件进行组装（图K）。

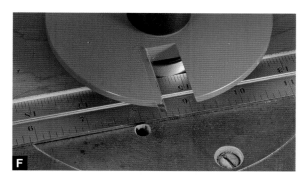

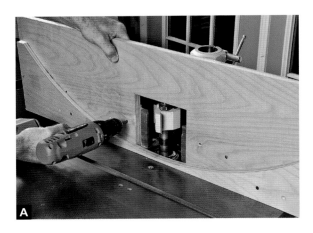

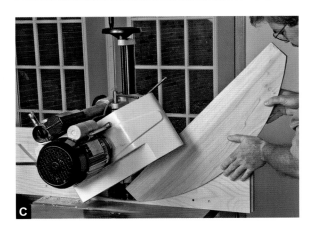

为曲面窗护框塑形

电动进料机是成形机的绝佳搭配。它能以恒定的速度进料，保持部件牢牢抵紧靠山和台面，以最大限度地减少颤动，也几乎消除了木料回抛的风险。电动进料机支撑柱上的通用接头拓展了这种工具的用途。正如你从图中看到的那样，电动进料机甚至可用于为窗护框等曲面部件塑形。

首先设置成形机的刀头，然后设置靠山。请注意，我正在使用的是连接到高靠山上的曲面托架。当对木料的大面进行塑形时，靠山和托架共同支撑木料边缘（图 A）。

此外，我只用带锯锯切了部件的外部曲线；塑形之后，我会继续锯切部件的内径。这样做可以保持部件重量和表面积，有助于减少震动，并为进料辊提供更宽的接触表面。

接下来，调整进料机的角度，将部件向下推过圆弧。调整进料机还能使弹簧辊略微收紧，从而使部件牢牢抵紧靠山（图 B）。

在塑形之前，开启电动进料机，成形机则仍处于关闭状态，测试设置情况，以确保部件能够平稳通过托架（图 C）。旋转刀头，使所有刀翼都处于部件的切割路径之外。现在开始塑形。像窗护框这样的大型部件需要经过多次处理才能完成塑形（图 D）。

第 14 章
电木铣台

电木铣通常作为便携式电动工具使用，但也可以把大型电木铣安装在工作台上，将其作为小型成形机使用，完成平直的和弯曲的装饰件以及凸嵌板的塑形，甚至制作接合件。尽管电木铣台的尺寸和功率不及成形机，但它也有自己的优势。例如电木铣的小直径铣头和导向轴承使电木铣台能够为曲率急剧变化的曲面塑形，而这是成形机无法完成的。此外，许多电木铣铣头，例如直边铣头和燕尾铣头，是通过其端部切割的，因此可以用来切割凹槽、燕尾榫和其他简单的接头，这些也是成形机无法完成的。最后，不要忽略成本。购买一个成形机刀头的费用足以购买多个电木铣铣头。显然，电木铣是一种多功能工具，且有大量配套的工作台、靠山和配件可以搭配使用，进一步拓展了其功能。接下来，让我们详细了解这种必不可少的工具。

电木铣

电木铣的尺寸变化很大，小型的层压修边电木铣只有几磅重，重型的电木铣则可以重达 20 lb（9.1 kg）。通常，木匠会从普通的电木铣开始入手，并很快意识到其局限性。最好用一台大型电木铣组装一个电木铣台，同时配备较小的电木铣手持操作。此外，尽量选择具有电子变速功能的型号，这对使用大直径铣头来说是一个很便捷的功能。

安装电木铣升降机，这样只需通过一个嵌入台面的螺母就可以从上方完成所有高度调节操作。

电木铣台

固定基座与下压基座

关于电木铣台使用固定式电木铣还是下压式电木铣的争论由来已久。我比较喜欢底座更为刚

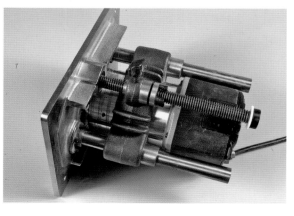

这款电木铣升降机厚重粗犷。

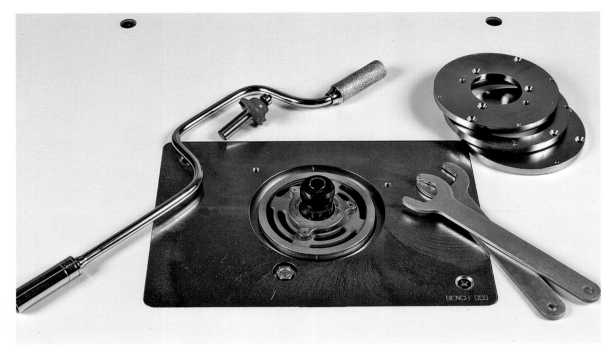

电木铣升降机使你更换铣头时无须拆下电木铣。

性的固定式电木铣。这种电木铣的电机与底座之间的活动性较小。当然，最好的选择是配备一个电木铣升降机。电木铣升降机可以夹在电机上，并固定在电木铣台内，因此不再需要电木铣底座。电木铣升降机有几个优点。它增加了额外的重量，有助于减少震动，并使得高度调节变得更容易。最重要的是，无须拆下电木铣，就可以完成铣头更换和精确的高度调节。

购买台面，制作电木铣台

电木铣台的台面相对便宜，通过 CNC 设备精确制造，并配有定角规滑槽。不过，最好的电木铣台还是要自己制作。这样，你就可以自定义台面下方的空间，以存储电木铣铣头、扳手和其他配件。

尽管可以为电木铣台自制靠山，但工厂制造的压制铝靠山具有多个优点，也是不错的选择。它们具有可调节的开口、用于安装防护罩的 T 形槽，以及羽毛板和集尘连接器。

最后，不要忽视电源开关。应将其安装在可以快速操作的位置。

这种定制的电木铣台可以为铣头、扳手和配件提供足够的存储空间。

这样的电源开关可以轻松操作，而无须探身到台面下方。

电木铣铣头

现在，电木铣铣头的轮廓种类非常多，这意味着更大的灵活性和创造力，但也可能给你造成混乱。我们来仔细分析一下。

硬质合金与高速钢

硬质合金已经占领了木工工具行业。当然，通常硬质合金比高速钢贵5~10倍，但其使用寿命也是后者的20~25倍。因此，从长远来看，硬质合金工具更为经济。当然，便宜的高速钢铣头仍在生产，你可以酌情选择。在需要自制某种铣头轮廓时，我偶尔也会使用高速钢铣头。可以使用台式研磨机轻松修改高速钢铣头的轮廓，并用滑石研磨刃口。请勿在硬质合金铣头上这样做。总的来说，对于大多数操作，使用硬质合金铣头是必由之路。当铣头钝化时，我会将它们送到专

业的研磨店进行处理，因为研磨店拥有研磨铣头的专业设备和技术。

铣头柄直径

将柄部直径 ¼ in（6.4 mm）和 ½ in（12.7 mm）的铣头并排放在一起比较，很容易得出结论。½ in（12.7 mm）柄部直径的铣头更有力，且不易产生震动。更大的直径则意味着它们不太可能会在筒夹中滑动。我同样购买了几个 ¼ in（6.4 mm）柄部直径的铣头，主要是 ¼ in（6.4 mm）的直边铣头。它们很适合层压修边电木铣（一种小型的

> **筒夹和铣头的调整**

　　与电木铣相关的最重要的维护工作是保持铣头和筒夹的清洁。如果铣头被弄脏或生锈，筒夹可能无法将其夹紧，从而影响铣削或损坏铣头柄。可以除去铣头表面的锈迹，并用研磨垫抛光铣头柄。筒夹内也会积累污垢，从而影响筒夹的性能。液体的工具清洁剂可以溶解铣头、筒夹和其他刃口工具上的污物。最后注意，在筒夹中插入铣头时，不要让铣头柄在筒夹中触底。拧紧后的筒夹会将铣头稍微下拉；如果筒夹夹住的是铣头柄底部的小直径部分，则铣头可能无法被牢牢固定。

研磨垫非常适合去除铣头柄上的黏性污物。

务必保持筒夹清洁。

使用液体清洁剂可以清除铣头和筒夹上的顽固污物。

禁止铣头在筒夹中触底。

这些铣头设计用于铣削接头，例如半边槽口和燕尾榫。

单手电木铣），可以快速地为铰链、锁具和其他五金件制作浅槽。

铣头的形状

　　铣头的形状可以分为两大类：接合铣头和轮廓铣头。接合铣头用于铣削接头，简单的如半边槽，复杂的如可以互锁的燕尾榫。

　　轮廓铣头则是用来铣削装饰性的形状，例如 S 形曲线。大多数的轮廓铣头用于铣削基本的形状，例如珠边倒角和内凹曲面。其他铣头，例

轮廓铣头用于铣削装饰件、为桌面边缘塑形等操作。

大直径的铣头通常只用于电木铣台。

如，凸嵌板铣头，其铣削的轮廓是其他铣头无法复制的。

导向铣头和非导向铣头

高速钢铣头上，导向器只是铣头的延伸。随着铣头的旋转，导向器也会旋转。我第一次使用电木铣是在初中的木工课程上，我使用安装了高速钢凹面铣头的电木铣为一件小作品的边缘塑形。由于摩擦，导向器变得很烫，当遇到较软的纹理区域时，导向器继续前进。毫无疑问，这造成了烧焦且不规则的轮廓，完全出乎我的预料。

在硬质合金铣头上，导向器是一个微小的滚珠轴承，它会随着铣头的运作，沿木料的边缘缓慢滚动。它不会变热，不会发烫，你甚至可以通过改变滚珠轴承直径来调节铣削深度。导向铣头是为弯曲部件塑形的最佳选择之一。当然，导向铣头同样可以塑造平直木料。它与靠山的对齐更快、更容易，同时有效地缩小了靠山的开口尺寸。

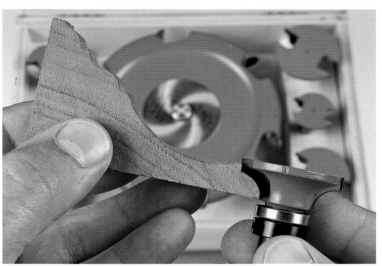

这种独特的铣头被反向安装在柄部，可以塑造出普通铣头无法完成的轮廓。

可以通过更换不同直径的滚珠轴承来改变很多铣头的铣削深度。

电木铣的使用

铣削边缘

为桌面或抽屉面板的边缘塑形是电木铣最常用的技术之一。简单的轮廓增加了些许装饰效果，并为原本刻板的方形边缘添加了一抹柔和。也可以使用此技术制作条形的装饰件。首先为较宽木板的边缘塑形，然后通过纵切得到装饰件。

选择所需的铣头轮廓并安装铣头，然后使用直角尺精确调整铣头高度（图 A）。在设置靠山时，请将其放在与导向轴承相切的位置（图 B）。在开始塑形之前，记得添加防护装置（图 C）。如果需要为木板的四周进行塑形，应先从端面开始，然后再处理长边缘（图 D）。在为端面塑形时，可以顺势消除边角的所有撕裂。

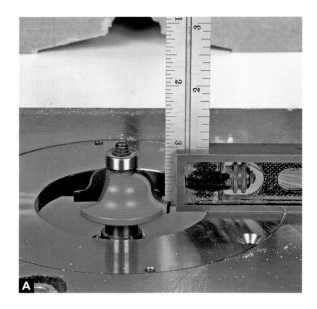

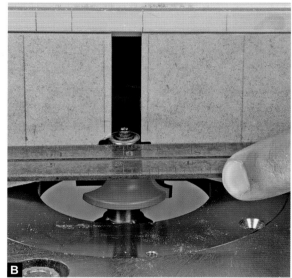

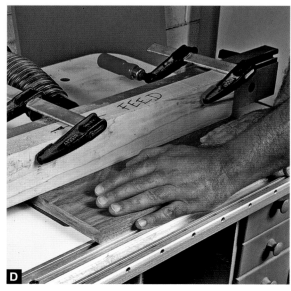

铣削端面

　　为窄木料的端面塑形颇具挑战性。靠山无法为狭窄的表面提供足够的支撑。一种解决方案是，沿靠山安装定角规和在铣头上安装导向轴承，来为窄木料提供支撑。

　　设置靠山，使其与导向轴承相切（图 A）。接下来，测量靠山到桌面边缘的距离（图 B）。两端的距离值必须相等，否则在使用定角规进料时，部件会贴在靠山上或被从靠山上推开。无论出现哪种情况，铣削都无法保持均匀。固定在定角规上的支撑板能够提供额外的支撑，并有助于避免部件末端出现撕裂（图 C）。要完成设置，请使用小木工夹将部件固定在支撑板上（图 D）。固定小木工夹和定角规以进行铣削（图 E）。

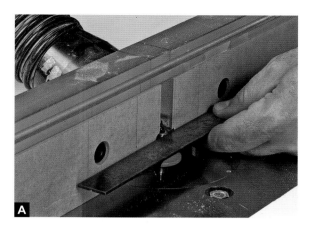

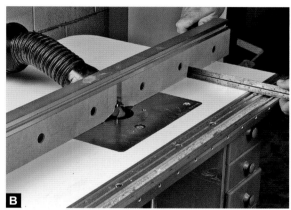

铣削凸嵌板

可以在电木铣台上平滑地为门板的边缘倒棱。该操作需要大铣头，因此要确保筒夹牢牢夹紧铣头柄。将铣头柄完全插入筒夹中，然后回退约⅛ in（3.2 mm）（图 A）。调整铣头的高度进行轻度铣削（图 B）；需要分几次完成铣削，以免木料回抛和电木铣过热。然后设置靠山，使其与铣头的导向轴承相切（图 C）。设置的最后一步是安装防护装置。这种大铣头如果暴露在外尤其危险（图 D）。木工桌卡榫（BenchDog）工具公司专门制造防护装置，尤其是用于面板塑形的装置（图 E）。

为面板塑形应首先处理木板的端面（图 F），再处理长边缘（图 G）。在每轮的铣削完成后升高铣头，直到加工出完整深度的轮廓。

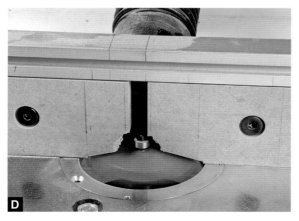

铣削小木料

可以使用电木铣台、偏置靠山和直边铣头来铣削对平刨而言过小的木料的边缘。靠山是一块硬木木板，上面有一个适合 ¼ in（6.4 mm）直边铣头的小开口。开口切出后，使用平刨在靠山的进料侧刨削 1/32 in（0.8 mm）的深度。

接下来，将靠山固定到位（图 A），使出料侧与铣头相切（图 B）。在铣削木料边缘时，使其与靠山的出料侧保持接触，以确保加工出笔直的边缘（图 C）。

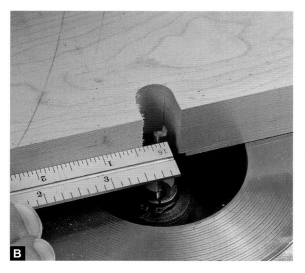

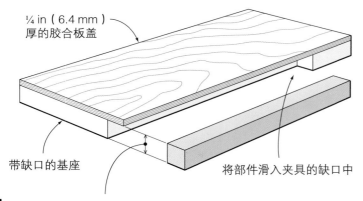

¼ in（6.4 mm）厚的胶合板盖

带缺口的基座

基座的厚度略小于部件的厚度

将部件滑入夹具的缺口中

A

为窄木料塑形

当你需要狭窄的条形装饰件时，最好先为一块宽木料塑形，然后纵切得到所需的装饰件。这样可以保持手与铣头处于安全距离，并能消除直接为窄木料塑形时的震动。但是，如果窄木料的两侧边缘都需要塑形的话，那么这种方法就无效了。这种情况下，应该制作一个 L 形夹具固定部件（图 A）、增加操作重量，以及保持双手远离铣头（图 B）。

➤ **参阅第 205 页"为部分边缘塑形"。**

首先调整铣头的高度（图 C），并将靠山设置到位（图 D）。然后，将木料放入夹具中，并用靠山引导铣削（图 E）。接下来，旋转木料，以铣削第二个边缘（图 F）。

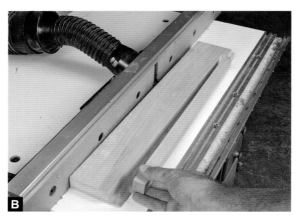

B

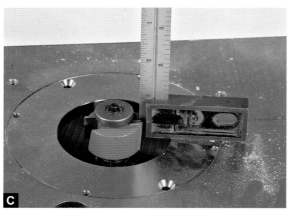

C

D

E

F

电木铣模板

　　塑造曲面最有效的方法是使用模板。模板塑形是使用电木铣为整个弯曲边缘塑形的唯一方法。操作很简单：将模板固定在部件上，引导铣头沿模板轮廓进行铣削。

　　首先将模板的曲线勾勒到部件表面（图 A），然后沿轮廓线锯切掉多余木料（图 B）。注意在轮廓线外留出 1/32～1/16 in（0.8～1.6 mm）的木料，之后用电木铣进行修整。接下来，将模板固定到部件上（图 C）。无头钉适合在固定小部件和轻度铣削时使用；将它们钉在看不见的位置即可。如果要进行重度铣削，则需要使用螺丝或铰接夹固定部件。在使用螺丝将部件固定在模板上时，请确保螺丝不会出现在铣头的铣削路径上。接下来，调整铣头相对于部件的高度，并确保轴承接触模板（图 D）。

　　现在开始塑形。请注意，图中模板延伸超出了部件（图 E）。这样一来，轴承会在铣头接触部件之前先行接触模板，从而确保铣头安全平稳地铣入部件中。塑形时，铣头要沿模板的轮廓推进，并在逆纹理铣削时放慢进料速度（图 F）。在曲面向内相交的位置，可能需要使用凿子或砂纸稍做处理，以使曲面浑然一体（图 G）。

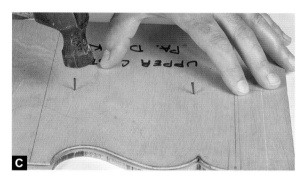

第 15 章
钻孔和开榫眼工具

几乎每件木工作品都需要用到一种或多种类型的钻孔工具，而且许多作品都需要精确直径和深度的钻孔。例如在安装带有五金件的门时，需要为一些小黄铜螺丝钻取小孔，而将横撑固定到床柱上的床板螺栓需要大直径的深孔。诸如温莎椅等各种风格的椅子座面上都需要钻孔，用于插入椅腿、扶手和椅背。此外，如果你没有榫眼机，那么可以先钻取一系列的孔以去除多余的木料，然后再用凿子手工将榫眼凿切方正。

有多种多样的钻头样式以及用于驱动钻头的工具。选择的钻头样式取决于几个因素：孔径、孔深以及干净的孔入口和孔出口的重要性。如果需要钻孔停留在特定的深度，那么孔底部的形状可能也很重要。

钻孔后，可能需要对螺钉丝的边缘进行倒角，或者用木塞塞住孔以隐藏螺丝。也有用于完成这些任务的工具。下面介绍了可用的钻孔工具，以及钻孔时，如何选择最佳工具的有用信息。

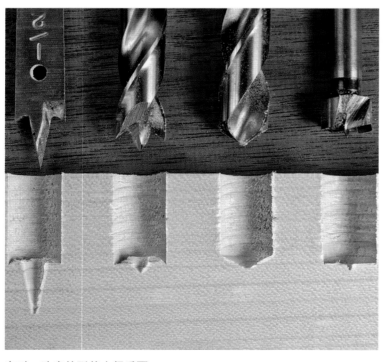

有时，孔底的形状也很重要。

钻孔工具

麻花钻头

毫无疑问，麻花钻头是最常用的钻孔工具，而且麻花钻头也很容易上手。实际上，你几乎可以在任何五金店中找到它们。它们的规格从 $1/16$~$1/2$ in（1.6~12.7 mm）不等。最重要的是，麻花钻头可以轻松切割木材和金属。因此，除了使用它们在木料上钻孔，还可以使用它们改造黄铜硬件，或将辅助电源连接到机器的铸铁台面上。麻花钻头可以干净、快速地切割。尽管它们不能钻出最干净的孔入口和孔出口，但它们的加工效果已经很好了，特别是在钻头刚刚研磨后。然而，随着麻花钻头的钝化，孔的边缘质量会显著下降。此外，麻花钻头在钻孔时存在令人讨厌的偏移趋势，因此，在钻孔之前最好用锥子或冲头标记孔的中心位置。钻深孔时，可以使用较长的麻花钻头。这些工具在五金店或电工工具店通常都可以找到。

冲头会在木料表面留下凹痕，这有助于防止麻花钻头发生偏移。

4 种类型的木工钻头

麻花钻头既可以加工金属又可以加工木料，并且价格便宜。

布拉德尖钻头可以精确钻孔，并且钻出的孔入口很干净。

铲形钻头价格便宜，切削干净，有大尺寸钻头可选，并且可以用锉刀轻松研磨。

平翼开孔钻头可以钻取平底孔，并且可以钻取重叠孔。

布拉德尖钻头是专门为木工操作设计的。

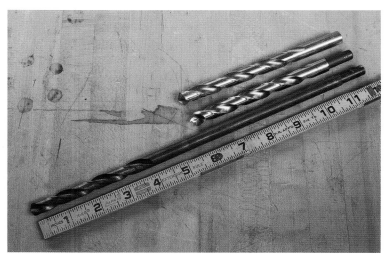

电工钻头的超长长度使你可以钻取深孔，例如为床板螺栓钻孔。

铲形钻头价格便宜，并能钻出相当干净的孔。

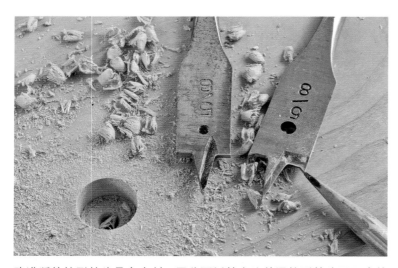

改进版的铲形钻头具有尖刺，因此可以钻出比普通铲形钻头更干净的孔入口。

平翼开孔钻头可以钻出非常干净整齐的孔，并形成平坦的底部。

布拉德尖钻头

　　布拉德尖钻头是专门为在木料上钻孔而设计的。乍看之下，布拉德尖钻头很像普通的麻花钻头。二者区别在于末端的尖刺，尖刺可以精确定位孔的中心，并帮助钻头干净地切掉孔边缘的木料。优质的布拉德尖钻头有些昂贵，因此我只会在孔的边缘必须处理干净的时候使用它们。当排屑槽被堵塞时，无论麻花钻头还是布拉德尖钻头都会停止钻孔。小直径钻头比大直径钻头更容易堵塞。在钻取深孔时，要不时地退出钻头，以便木屑逸出。在开始钻孔前，在钻头表面涂抹木工工具润滑剂也很有帮助。布拉德尖钻头的规格通常为 ¼~½ in（6.4~12.7 mm）。

铲形钻头

　　顾名思义，铲形钻头的形状很像铲子。这种简单的工具应用广泛，价格便宜，并能钻出非常干净的孔。改进版的铲形钻头具有中心尖刺，可以干净地切断木纤维以获得更好的钻孔效果。铲形钻头还具有可用于钻深孔的超长型号。铲形钻头的尖端并非总是与钻柄完全同心，因此，在开始钻孔之前，最好先用锥子标记好孔的中心。此外，铲形钻头的尖刺很长，因此这种钻头可能不是钻取止位孔的最佳选择。即便如此，铲形钻头依然应用广泛。铲形钻头还有一个优点是易于改造。例如如果需要钻取一个锥形或略小的孔，则可以仔细研磨钻头的刃口。铲形钻头的规格范围为 ¼~1½ in（6.4~38.1 mm）。

平翼开孔钻头

　　平翼开孔钻头在木工钻头中是独一无二的。大多数钻头是由其中心尖刺引导的，但平翼开孔钻头是由其边缘引导的。由于这种独特的设计，平翼开孔钻头可以钻取重叠孔。如果使用其他类型的钻头，它们很容易偏移到相邻的孔中。锋利的边缘还可以干净地切割木纤维，从而形成非常精确的孔入口。平翼开孔钻头也是唯一一种可以

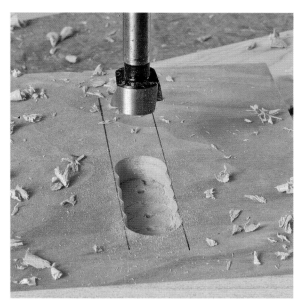

平翼开孔钻头由其边缘引导，可以钻取干净、重叠的孔。

螺旋钻头的方正柄脚呈锥度变化，用于插入手摇钻的夹口中。

钻取绝对平底的钻头。由于平翼开孔钻头往往价格昂贵且难以研磨，因此除非部件需要干净、精确的钻孔，否则我会减少它们的使用频率。

螺旋钻头

　　你可能有祖父留下来的螺旋钻头。尽管它们的设计已经过时，但有时仍然可用。我使用螺旋钻来钻取大孔，即直径大于 ½ in（12.7 mm）的孔，尤其是非直角的钻孔。螺旋钻头是通过支架手工驱动的，因此可以缓慢小心地钻孔。螺旋钻头的尖端有一个可以拧入木料的导螺杆，用于在钻孔时将螺旋钻头拉入木料中。螺旋钻头的边缘有两个尖刺，可将孔边缘的木料干净地切断。

　　伸缩式钻头实际上是可调式螺旋钻头。它的特点是有一个尖刺而不是两个，且尖刺可以滑入钻头中，并用一个简单的螺丝锁定到位。与 19 世纪大多数的多功能工具一样，它们的加工效果不及普通的螺旋钻头。因为只有一个尖刺，所以伸缩式钻头切割缓慢，特别是在钻取角度孔时。尽管伸缩式钻头可以钻取各种尺寸的孔，但要设置一个精确的直径却很烦琐。即使这样，伸缩式钻头仍可用于偶尔需要的特殊尺寸的孔。

螺旋钻头可用于钻取大孔或角度孔。

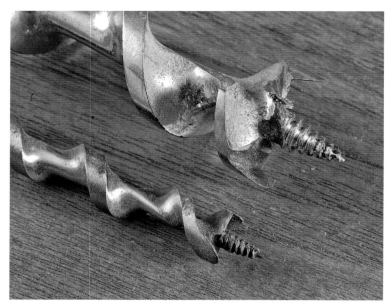

螺旋钻头的导螺杆用于将钻头拉入木料中。

伸缩式钻头可用于钻取特殊尺寸的孔。

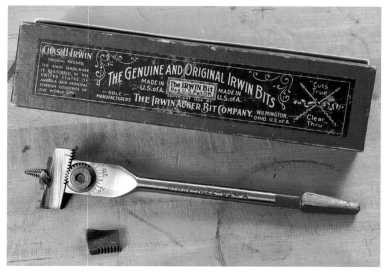

螺旋钻头的尖刺利用楔入作用切削木料。

勺形钻头

你猜对了。铲形钻头形似铲子而勺形钻头看起来像勺子。这种老式钻头在今天仍然非常有用。勺形钻头的独特形状能够钻取圆底孔，非常适合用于椅子的制作。当需要在椅腿上钻孔用来安插来自横档的榫头时，该孔会削弱椅腿的强度。如果孔底具有方正的直角边缘，例如平翼开孔钻头钻出的孔的边缘，则尤其如此。制作完成的椅子，其应力会集中在孔的尖锐内角上。勺形钻头制作的圆底孔可以缓解这个问题。像螺旋钻头一样，勺形钻头具有锥度变化的方正柄脚，可以插入手摇钻的夹口中。

整孔钻头

要在现有的孔中塑造长锥面，整孔钻头是首选工具。这种钻头可以将孔的侧面修剪为锥面。锥面可以容纳来自椅腿的圆台形榫头。该技术常用于制作温莎椅，这种巧妙的构造方法使得椅腿

整孔钻头用于为钻孔制作锥面，以安装锥度腿。

在每次有人坐下时都会被更紧地压入座面。锥面一直以来都以能够提供难以置信的牢固接头而闻名。例如车床中的前顶尖利用锥面牢牢安装在主轴箱上，需要借助推顶销才能将其拆下。整孔钻头既可安装在手摇钻上，也可用于电钻。

埋头钻

"埋头钻"一词既是名词又是动词。它是指在孔的开口边缘制作出浅倒角，用于安装螺丝头的过程，也指用于钻孔的工具。埋头钻具有单个或多个凹槽。令人惊讶的是，单个凹槽的埋头钻比多个凹槽的埋头钻切割更为顺畅，因为具有多个凹槽的埋头钻在钻孔时更容易产生震动。独特且方便的埋头钻可以同时钻取一个主孔和一个埋头孔。

埋头钻可以同时钻取主孔和埋头孔。

工具的尖端可以将钻头与铰链或其他五金件中的孔对齐。

埋头钻可以为孔的边缘倒角，以匹配螺丝头。

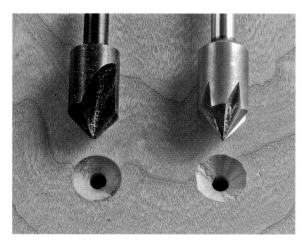

单个凹槽的埋头钻比多个凹槽的埋头钻切割更为顺畅。

中心冲头留下的中心凹痕可以使钻孔更加精确。

在为五金件钻孔时，自定心钻头可以自行居中。

一个小木料块很适合用作深度限位器。

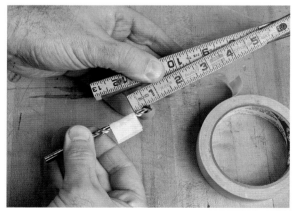

一条胶带也可以用作简单的深度限位器。

只需将无头钉的钉头剪掉即可得到一个小号的钻头。

另一个专用钻孔工具是自定心钻头。这种灵巧的工具使得在硬件上钻孔变得轻而易举。将工具定位在铰链的安装孔中钻孔即可。每次的钻孔都会完全居中。

为了准确定位大孔，我会使用中心冲头。坚硬的锥形尖端会在木料或金属表面留下凹痕，这个中心凹痕可以防止钻头在钻孔时发生偏移。

钻孔限位器和导向器

在钻孔时，经常有必要在特定的深度停止钻孔。无论是为床板螺栓钻取大孔还是为小黄铜螺丝钻取小孔，通常都没有必要，甚至不值得钻取贯通孔。尽管可以购买限位环并将其滑到钻头顶部固定到位，但我发现，一个小木块同样可以做到这一点。如果孔的确切深度不是很关键，只要在钻头上贴上一条胶带就可以指示钻孔深度。

在为锁眼盖销或小钉子钻取小孔时，无头钉与钻头一样好用。只需剪掉无头钉的钉头，然后像使用麻花钻头一样使用它即可。从技术上讲，无头钉在钻孔时并不会去除木料，它只是压缩了木纤维。这种简单的方法非常适合钻取小孔，并且无头钉断裂的可能性比小钻头还要小。

如果你想手工钻取一个完全垂直的孔，请考虑使用导向器。有些导向器配有电钻支架，而另一些导向器则会使用硬化钢衬套支撑钻头。

钻孔导向器使你无须台钻即可精确钻孔。

木塞刀

用螺丝连接木料固然算不上复杂的接合，但在某些情况下效果很好，甚至可能是最佳选择。可以用木塞隐藏螺丝头。最好的木塞刀甚至能加工出略带锥度的侧面，使其可以紧贴孔壁。在台钻上使用木塞刀钻孔的效果最好。使用限位块可以保证木塞的长度相等。

驱动钻头

尽管钻孔不是一项艰巨的任务，但是合适的工具对于这项工作还是很有用的。电钻因为具有无键卡盘、变速、倒挡甚至用于控制螺丝动力驱动的可调节离合器等功能，变得更加复杂。最重要的一点，很多电钻是无绳的。无绳电钻是我最喜欢的钻孔工具。它强大而且方便。

在准确性方面，无绳电钻比不上台钻。使用台钻，可以获得准确的垂直孔。台钻还具有内置的深度限制器，可以精确控制钻孔深度。尽管有些钻头的钻柄可以适配 ⅜ in（9.5 mm）的筒夹，但是台钻更适合钻取大孔。锥度方柄的钻头是专门为手摇钻设计的。

尽管手摇钻已经存在了几个世纪，但改进型的现代手摇钻具有棘轮卡盘，必要时可以反转。

打蛋器式手摇钻对于钻取小孔仍然很有用，孩子们喜欢使用这种简单的机械工具。只要确保他们用废木料进行实验即可。

榫眼机

可以把榫眼机看作一种坚固的小型台钻，用于钻取方孔。通过钻取一排重叠的孔来制作榫眼。以前，如果想要使用榫眼机，只能在昂贵的工业型号（其占用的空间比其应占的合理空间更多）和台钻配件之间进行选择。安装台钻配件非常耗时，而且，如果不拆下它，之后也无法钻取圆孔。对此，几乎没有有效的解决方法。直到台式榫眼机出现。尽管很多台式机器尺寸小，功率不足，

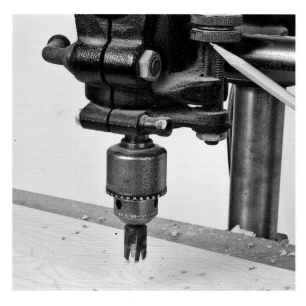

锥度木塞刀制作的面纹木塞在表面处理后很难看出来。

在便利性方面，无绳电钻很难被超越。

尽管大钻头的钻柄也可以较小，从而适配手持式电钻，但还是在台钻上使用大钻头的效果最好。

在钻孔方面，台钻相较于便携式的电钻具有多种优势。感应电机具有更强大的扭矩，因此可以钻取较大的孔；孔垂直于木料表面；台钻的内置限位块可以确保每个孔的深度准确且一致。

台钻结构简单，电机通过皮带和皮带轮驱动卡盘。所有台钻都配有可变速级皮带轮。台面可以支撑木料；拉动操纵杆，卡盘就可以推动旋转的钻头前进。

有 3 种类型的台钻可供选择：落地式、径向式和台式。我更喜欢台式台钻。我自制了一个储物柜。一排排的抽屉充分利用了落地式台钻浪费的空间。使径向式台钻可以钻取角度孔，但是这种设置通常并不实用。我发现，使用便携式电钻钻取角度孔要容易得多。

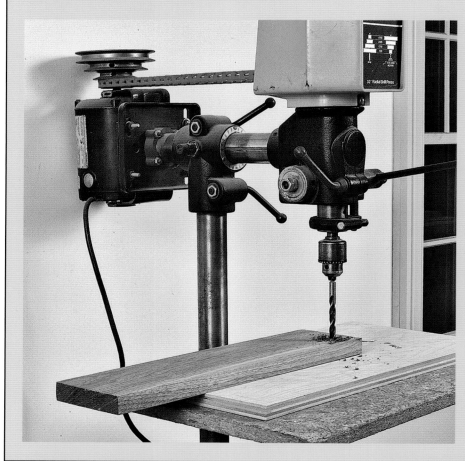

台钻是最准确的钻孔工具。

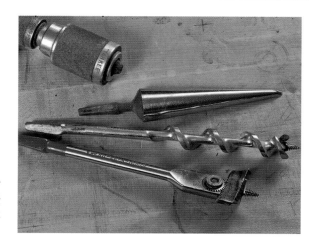

略带锥度的方柄钻头可以安装在手摇钻上使用。

老式的打蛋器式手摇钻偶尔仍能用于钻取所需的小孔。

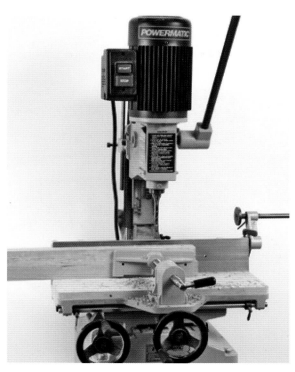

这是一个紧凑型的独立式开凿眼机。台式机型是大多数工房的最佳选择。

但台式榫眼机不会如此。它牢固而强大，可以完成大多数家具的榫眼制作。实际上，一些制造商甚至开发了具有更大功率和更强加工能力的紧凑型落地式开榫眼机。

榫眼机的结构

榫眼机使用安装在方形空心凿中的圆形钻头钻孔。当该组件被压入木料中且空心凿与边角垂直时，钻头就可以钻取圆孔。空心凿的一侧是开放的，以允许木屑逸出。

空心凿被牢牢安装在卡盘中，并用固定螺丝固定。钻头被直接固定在电机轴的卡盘钳口上。拉动进料杆，整个组件，包括钻头、电机和卡盘，都会沿着垂直机架或齿轮下降。铸铁支柱支撑着机架、电机和钻孔组件。

在钻取榫眼的过程中，台面支撑着木料。有些台面配有整体靠山。为了定位切口的位置，台面和靠山可以前后移动。在许多台式榫眼机中，台面和靠山是独立的组件，通过前后移动靠山来进行设置。榫眼机最重要的特征是深度限位器，

通过钻取一排重叠孔来制作榫眼。

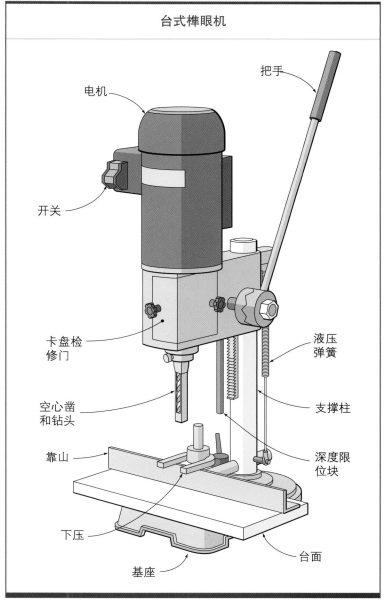

它限制了钻头的行程，因此所有的切口都具有相同的深度。

钻孔操作

隐藏螺丝孔

　　为了切取与螺丝孔匹配的木塞，需要为台钻安装木塞刀，并设置限位块，然后钻取一系列的木塞。确保木塞的长度稍大于孔的深度（图A）。用螺丝刀撬下木塞。选择与孔周围的木料纹理相似的木塞，在其侧面涂抹薄薄一层胶水（图B），然后用锤子将其轻击到位（图C）。记住，要对齐纹理以获得良好的匹配效果。用平切锯切掉多余的部分后（图D），用短刨刨平表面（图E）。

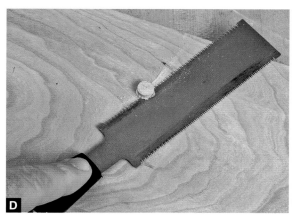

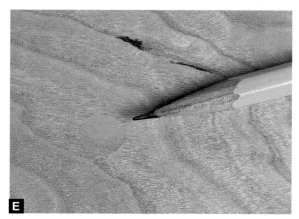

钻取榫眼

可以用凿子和木槌手工凿切榫眼。但榫眼机更为高效。首先标记出榫眼的位置（图 A），然后使用划线规画出榫眼的轮廓线（图 B）。

> **参阅第 93 页 "制作榫卯接合件"。**

在机器上设置好榫眼的位置和深度后，首先在两端开始切割榫眼（图 C）。此方法可确保榫眼的末端是方正的。空心凿和钻头凿切两个面或四个面时会很准确，但如果凿切三个面，则会像制作重叠孔时那样，有滑入相邻孔的趋势。接下来，从一端起始，交错切割（图 D）。最后，进行第二轮凿切，以去除残留的废木料（图 E）。